# XXV Congresso Paulo Leal Ferreira

Editora Livraria da Física

Editores:
Adriano Doff Sotta Gomes
Urbano França
Cássius Anderson Miquele de Melo

# XXV Congresso Paulo Leal Ferreira

Editora Livraria da Física

São Paulo – 2004 – 1ª. edição

Copyright 2004: Editora Livraria da Física

Editor : José Roberto Marinho
Capa : Arte Ativa
Impressão : Gráfica Paym

Dados Internacionais de Catalogação na Publicação (CIP)
( Câmara Brasileira do Livro, SP, Brasil )

---

Congresso Paulo Leal Ferreira ( 25. : 2002 : São Paulo )

   XXV Congresso Paulo Leal Ferreira / editores Adriano Doff Sotta Gomes, Urbano França, Cássius Anderson Miquele de Melo. -- São Paulo : Editora Livraria da Física, 2003.

   ISBN : 85-88325-21-7

   Vários autores.

   1. Ferreira, Paulo Leal  2. Física – Teoria - Congressos  I. Gomes, Adriano Doff Sotta. II. França, Urbano. III. Melo, Cássius Anderson Miquele de . IV. Título.

03-6016                                                                          CDD-530.106

---

Índices para catálogo sistemático:
1. Congressos : Física Teórica    530.106
2. Física Teórica : Congressos    530.106

Editora Livraria da Física
Telefone : 0xx11 – 3816 7599
Tel/Fax : 0xx11 – 3815 8688

Página na internet : www.livrariadafisica.com.br

# XXV Congresso Paulo Leal Ferreira

## Instituto de Física Teórica - Unesp

São Paulo - 09 a 11 de outubro de 2002

### Editores

**Adriano Doff Sotta Gomes**

**Urbano França**

**Cássius Anderson Miquele de Melo**

*Apoio:*

# Índice

Prefácio     i

## Palestras

Cinqüenta Anos de Física Teórica     01
   *Pedro Carlos de Oliveira*

A formação do pesquisador     39
   *V. C. Aguilera-Navarro*

A Ciência e o Setor Produtivo se Aproximam com os Programas de Inovação Tecnológica no País: Abordagem de um Exemplo de Inovação     45
   *Vladimir Jesus Trava Airoldi e Evaldo José Corat*

Interações Eletrofracas com o Núcleo Atômico     61
   *J. R. Marinelli*

Observatório Pierre Auger     71
   *Ronald Cintra Shellard*

Cromodinâmica Quântica na Rede: Simulando Quarks e Glúons no Computador     83
   *Tereza Mendes*

## Comunicações Orais

Teoria de Perturbações na Cosmologia Pseudo-Newtoniana com Constante Cosmológica     97
   *Ronaldo Carlotto Batista*

A Equação de Estado de um Sistema com Interação Aplicada à Cosmologia     102
   *L. G. Medeiros, R. R. Cuzinatto e R. Aldrovandi*

Seções de choque elásticas do átomo de Hélio por impacto
de elétrons de energias intermediárias ......... 107
    *Genaro G. Z. Torres, Jorge L. S. Lino*

Mistura de neutrinos e o modelo 3-3-1 mínimo ......... 112
    *A. Gusso, C. A. de S. Pires e P. S. Rodrigues da Silva*

Princípio Variacional de Schwinger, Espalhamento e Sistemas
Quânticos à Temperatura Finita ......... 117
    *C. A. M. Melo e B. M. Pimentel*

Sistemas vinculados: o método de Dirac e sua relação
com a quantização BRST ......... 122
    *Dáfni Fernanda Zenedin Marchioro*

Algumas funções de Green de interesse cosmológico ......... 127
    *Sandro Silva e Costa*

Condensados de Vácuo e Simetria Quiral na
Matéria de Quarks ......... 132
    *R. S. Marques de Carvalho, G. Krein e P. K. Panda*

Contribuições do modelo eletrofraco $SU(3)_L \times U(1)_N$ para a
matéria escura auto-interagente ......... 137
    *Douglas Fregolente e Mauro D. Tonasse*

Ruído Radiativo em Circuitos com Indutância ......... 142
    *A. J. Faria, H. M. França e R. C. Sponchiado*

Estudo sobre Elementos de Linha de Modelos Cosmológicos ......... 147
    *R. R. Cuzinatto*

Correções Não Lineares às Equações de Maxwell ......... 152
    *L. C. Costa, J. L. Tomazelli*

Função de Green Iterada na Frente de Luz: Equação de
Bethe-Salpeter  157
    *J. H. O. Sales*

Restauração da simetria quiral no modelo de Nambu-Jona-Lasinio
a temperatura e densidade finitas  162
    *R. L. S. Farias*

Montagem e Calibração de uma Célula para Medidas de
Transporte sob Pressão  167
    *Solange de Andrade*

Estudo Teórico da Bifurcação da Corrente Sul-Equatorial  172
    *Cayo P. Fernandes Francisco e Ilson C. Almeida da Silveira*

Transporte em Fluidos Caóticos  177
    *Eduardo G. Altmann e Iberê L. Caldas*

Persistência da Natureza Espectral em Matrizes
Diagonais Infinitas  182
    *Gustavo B. de Oliveira, Domingos H. U. Marchetti*

# Prefácio

O Congresso Paulo Leal Ferreira é um evento anual organizado por alunos do Instituto de Física Teórica (IFT) da Unesp. O evento é estruturado em palestras, apresentadas por professores e pesquisadores, e comunicações orais, apresentadas principalmente por estudantes. Os principais intuitos do evento são criar um ambiente de interação entre estudantes de diversos níveis e instituições e proporcionar a eles uma oportunidade de apresentar seus trabalhos em um ambiente informal, capacitando-os para eventos de maior porte.

A XXV edição do evento, que ocorreu no IFT entre os dias 09 e 11 de outubro de 2002, mostra como o já tradicional "Congressinho", como ficou carinhosamente conhecido o Congresso Paulo Leal Ferreira, tem alcançado seus objetivos. Durante os três dias foram apresentadas 9 palestras e 20 comunicações orais, tendo comparecido ao auditório do IFT cerca de 100 pessoas.

O ano de 2002 foi um ano de especial importância para o IFT. No dia 14 de junho o IFT comemorou 50 anos de sua fundação, data que foi celebrada por uma série de eventos. Além disso, 2002 também marcou os 25 anos da realização do primeiro "Congressinho", que na época da sua criação chamava-se "Congresso dos Estudantes". Por essas razões, o ano de 2002 pareceu-nos ideal para que, pela primeira vez, os anais do evento fossem organizados. Além disso, acreditamos que o evento atingiu a projeção e o número de trabalhos suficientes para que uma publicação como esta seja possível.

A edição de 2002 do evento foi organizada pelos editores desta publicação. Entretanto, a organização de um evento como este só é possível graças à ajuda de outras pessoas e instituições. Gostaríamos de deixar registrado nossos mais sinceros agradecimentos: aos palestrantes e apresentadores de comunicação oral que contibuíram para os anais do evento; ao Antônio José Roque da Silva, Gerson Francisco, José Roberto Ruggiero, Kenny Talavera e Daniel Nedel, que apresentaram palestras e comunicações mas por razões diversas não puderam preparar o material para estes anais; às pessoas que compareceram ao evento; ao Professor Bruto Max Pimentel Escobar, pela ajuda antes, durante e depois do evento; aos estudantes Alencar Faria, Arlene Cristina Aguilar, Dáfni Marchioro, Léo Medeiros, Jorge Sales e sua esposa Fernanda, José Acosta Jará, Raquel Marques de Carvalho e Rodrigo Cuzinatto pela ajuda nos dias do evento; à FATEC e aos professores José Francisco Gomes e Regina Maria Ricotta pelo empréstimo do datashow; ao Fábio Makoto Ono, pelo excelente trabalho gráfico com os cartazes e com o logotipo do evento; ao músico Júlio César de Souza, pela apresentação de encerramento; ao Gustavo de Oliveira e ao Daniel Cortez pelas dicas com o Latex; ; à todos os professores do IFT e à diretoria da Fundação Instituto de Física Teórica que sempre prestaram total apoio à realização destes 25 congressos. Por fim, gostaríamos de agradecer também aos patrocinadores do evento: à Pró-Reitoria de Pós-Graduação e Pesquisa (PROPP) da Unesp, na pessoa do Pró-Reitor, Professor Marcos Macari; à Fundação para o Desenvolvimento da Unesp (Fundunesp); à Fundação de Amparo à Pesquisa do Estado de São Paulo (FAPESP), sob o processo nº 02/07232-0; à Nossa Caixa S. A. e à Livraria da Física.

Esperamos sinceramente que o "Congressinho", com seu papel único nas instituições brasileiras, continue a capacitar os estudantes que dele participam, e que esta publicação fique como memória do XXV Congresso Paulo Leal Ferreira.

São Paulo, agosto de 2003.

*Adriano Doff Sotta Gomes*
*Cássius Anderson Miquele de Melo*
*Urbano França*

Instituto de Física Teórica, Rua Pamplona, 145, São Paulo. Foto de 1952.

# Palestras

# Cinqüenta anos de Física Teórica

Pedro Carlos de Oliveira
Departamento de História - FFLCH - USP

**Resumo**

Nestes cinqüenta anos do Instituto de Física Teórica, para entendermos como este surgiu e se desenvolveu faz-se necessário situá-lo no ambiente social em que foi criado, dentro do contexto histórico-científico da época, dessa forma nossa análise será melhor fundamentada para compreendermos sua gênese e desenvolvimento, assim como as sucessivas alterações pelas quais passou o Instituto.

## 1 Introdução

### 1.1 O Panorama da Ciência no Final da década de 40.

A trajetória do Instituto de Física Teórica perpassa por vários governos, começa nos finais da década de 40, década que foi marcada principalmente pela Segunda Guerra Mundial, uma característica marcante desta foi a extraordinária movimentação das ofensivas, de ambos os lados: avanços arrasadores dos alemães e japoneses no início e depois dos aliados no final da guerra. Outra característica: foi uma guerra de máquinas, onde tanques, aviões, navios, canhões, submarinos, e outros artefatos de guerra entraram em operação. Sob este aspecto, o desenvolvimento de Ciência e Tecnologia foi vital para o êxito nas batalhas. Para o chamado *esforço de guerra*, as pesquisas científicas, eram quase toda dirigida para a indústria bélica, no qual se inclui o projeto Manhattan responsável pelo desenvolvimento da bomba atômica.

Durante a Segunda Guerra Mundial, os Laboratórios de Física principalmente dos países envolvidos no conflito, dirigiram suas pesquisas para o desenvolvimento de tecnologia militar. Aqui no Brasil, em 1942, após a entrada formal do país na Guerra, Marinha e Exército enfrentavam problemas técnicos e não tinham auxílio externo para a solução dos mesmos. Na USP, onde as pesquisas praticamente haviam parado, houve uma mobilização dos cientistas para prestarem assistência aos problemas técnico-científicos, os recursos financeiros vieram do comércio, indústria, governos estadual e federal, através da criação dos Fundos Universitários de Pesquisa para a Defesa Nacional (FUP).

O grupo da USP, com a colaboração do IPT, do INT do Rio do de Janeiro, fabricaram o sonar e ultra-sons, para a detecção de submarinos e navios, desenvolveram um método para medir a velocidade de projéteis, produziram transmissores e receptores portáteis para jipes e caminhões do Exército.

Nessa década tivemos, em nosso país, importantes descobertas científicas contudo, a descoberta dos *showers* penetrantes a partir dos raios cósmicos, por Wataghin et al., e a detecção dos mésons naturais nos Andes Bolivianos, e a dos mésons artificiais, em Berkeley, Estados Unidos, por Lattes et al., causaram grande impacto no meio científico brasileiro e deram um certo impulso à Física no país.

São criados nessa época a SBPC (1948), o CBPF(1949) a CAPES (1951), o CNPq ( 1951). Além disso, em 1947 ocorre a inclusão do artigo 123, na Constituição Paulista, que determina que se destine 0,5% da receita orçamentária do Estado para o amparo à pesquisa.

Em 1950 foi criada como fundação de direito privado, através da Lei Estadual nº 782, por um grupo de personalidades civis e oficiais militares do Exército brasileiro, sob a liderança do engenheiro José Hugo Leal Ferreira, a Fundação Instituto de Física Teórica em São Paulo.

## 1.2 A gênese da Fundação Instituto de Física Teórica

Os motivos que determinaram a criação do IFT, se não forem entendidos dentro de um contexto histórico e social, podem induzir-nos a uma visão parcial da verdadeira importância que esta Instituição teve no cenário científico brasileiro. Resgatar o *pano de fundo* que motivou sua criação nos introduz nas questões sociais, políticas e científicas da segunda metade da década de 40, onde procuramos recuperar e compreender os antecedentes que motivaram e determinaram o surgimento do IFT.

A fundação do IFT está intimamente relacionada com a figura do engenheiro José Hugo Leal Ferreira, que foi o idealizador dessa instituição. A fim de compreendermos como surgiu a Fundação IFT, devemos conhecer um pouco sobre a pessoa e a personalidade de seu criador. Apesar de termos inúmeros depoimentos orais e escritos sobre José Hugo Leal Ferreira, quem o retratou com maior rigor e riqueza de detalhes, baseado em muitos anos de convivência e admiração, durante os quais acompanhou toda a sua luta, foi o professor José Reis, que escreveu: *"Combativo e crítico, sempre disposto a lutar pelas grandes causas nacionais e lutar ardorosamente, inflamado no falar e disposto sempre a proclamar a verdade nua e crua e combater os embustes,* aquele homem mirrado, de vida ascética, que parecia viver apenas de oxigênio, talvez parecesse a quem o encontrasse pela primeira vez, o oposto da modéstia. Observando-o bem, entretanto, logo se percebia que se tornava impessoal - era um cidadão, cujo nome pouco lhe importava alardear, terçando armas por seus ideais. E era, acima de tudo isso, de lealdade ímpar.

**Queria ser físico.**

J.H.Leal Ferreira, como ele escrevia, nasceu em Salvador, estudou em Colégio Militar do Rio de Janeiro, onde construiu sólidas amizades com eminentes figuras de nosso Exército. Engenheiro pela Politécnica do Rio, exerceu sua profissão com entusiasmo. Os seus interesses particulares nunca relegaram, porém, a segundo plano os do País, tendo-se destacado na criação da moderna indústria siderúrgica nacional e do plano nacional do carvão.

Mas o seu grande sonho, que as atividades de engenheiro apagaram, foi a ciência. Revoltado contra os que pregam o primado da tecnologia, descuidosos da formação do lastro da ciência fundamental necessário para embasá-la assim que suas condições de vida permitiram, passou a devotar-se de corpo e alma ao objetivo de criar um instituto de física teórica onde os cientistas pudessem viver exclusivamente para a ciência, sem emperramentos burocráticos nem dissenções estéreis, tantas vezes causadas, em grandes instituições, pela luta em busca do poder.

(...) Ei-lo, pois, alguns anos antes de 1951, a acalentar a idéia de formar um instituto de física teórica, capaz de refletir toda a pureza da ciência, incontaminada por interferências políticas e administrativas. Onde plantar sua semente? Enamorado de São Paulo, pensava ele que só aqui encontraria ambiente favorável ao seu desenvolvimento. Radicado no Rio, passou a viver entre essa cidade e São Paulo, e depois mais aqui do que lá".

Nesse mesmo artigo, diz J.Reis: " Tivemos a felicidade de conhecer aquele homem de extraordinária força de vontade, que ele punha a serviço de um nacionalismo muito arraigado. Nenhum problema nacional lhe escapava à consideração. Acreditando no valor fundamental da ciência, era ponto de honra, para ele, assegurar-lhe cultivo em condições ótimas. Isso o levava a criticar impiedosamente certas instituições mais propensas a cultivar a meia ciência, ou a aceitar, para sobreviver, a corrupção da verdadeira ciência.

Até 1973 esteve José Hugo Leal Ferreira à frente do IFT, como presidente e depois como presidente de honra. A doença forçou-o a afastar-se. Colheu-o a morte aos 83 anos, no Rio de Janeiro, a 4 de fevereiro de 1978. Só o futuro dirá da plena significação de sua 'experiência', criando e mantendo o IFT. Que será do Instituto no futuro? O valioso núcleo de pesquisa ali concentrado poderá garantir-lhe a sobrevivência, em qualquer situação, desde que se mantenha fiel aos puros ideais de José Hugo Leal Ferreira".

Nascido em 1895, de família de políticos da Bahia, veio para o Rio de Janeiro onde estudou em Colégio Militar. José Hugo Leal Ferreira destacou-se como estudante entre os colegas, inclusive alguns que chegaram ao generalato, colegas estes que seriam importantes colaboradores para a realização de seu ideal de criação de uma Instituição Científica.

Sobre a criação do Instituto, o prof. Paulo Leal Ferreira, disse que: *"(...) Na década de 50 acho que o Departamento de Física da USP passou por uma grande crise de crescimento. O Prof. Wataghin deixou o Brasil e começou a haver um certo desânimo. Foi nessa época em que se teve a idéia de fundar uma coisa em outros moldes, independente da Universidade, mas não contra a Universidade, que seria sobre a forma de fundação e cujo objetivo era não só promover pesquisa, como promover pesquisa com gente de alto nível que o Brasil não tinha naquela época, trazendo gente de fora"*.

A cidade de São Paulo foi escolhida para a criação do Instituto, segundo o prof. Paulo Leal Ferreira: *"Porque na época se julgava que São Paulo seria, talvez o lugar mais adequado para criar uma Fundação dessa, devido por exemplo, à proximidade com a Indústria, um centro que se desenvolvia mais que no Rio, naquela época, poderia haver um interesse maior em apoiar uma Instituição desse tipo, talvez não tenha sido uma razão concreta, mas o fato é que foi criada em São Paulo, quando na mesma época foi criado o CBPF no Rio, de modo que os dois nasceram na mesma época. Só que o CBPF foi criado como sociedade civil, não como Fundação e foi uma Instituição muito mais ambiciosa, tinha inclusive a Física Experimental"*.

O prof. Jorge Leal Ferreira disse em depoimento: *" Primeiro porque São Paulo era o centro da época (industrial). Em São Paulo já existia a melhor Universidade do país, a melhor em Física. Outro argumento que me lembro é que o governo estadual, de quem se tentaria obter ajuda, era o governo mais rico da união. O apoio industrial, que me parece hoje uma atitude ingênua, talvez naquela época alguns instituidores tendo sabido da experiência americana a respeito, tivessem sonhado assim, e se mostrou um devaneio, o auxílio que recebemos da Cia. Antártica Paulista não foi conseguida por nossos méritos, mas por canais militares"*.

Sobre a opção pela Física Teórica, o engo. José Hugo Leal diz o seguinte *"a atividade científica está adstrita, no início, à pesquisa teórica, e somente mais tarde, numa segunda etapa, pensar-se-á na parte experimental que demanda capitais enormes"* . Sobre o seu projeto de criação do Instituto, o engenheiro José Hugo Leal Ferreira ouviu opiniões de renomados cientistas estrangeiros, como a do professor André Weil, da Universidade de Chicago e do professor Guido Beck, que apontou como obstáculo para desenvolver a Física Experimental os altos custos que a mesma demanda.

A maioria dos militares que auxiliaram na criação do IFT eram pertencentes ao Exército, tinham ideais nacionalistas, e faziam parte ou acompanhavam os acontecimentos do Clube Militar. Segundo Boris Fausto *"(...) podemos ter uma noção do que ocorria no Exército naqueles anos, acompanhando os acontecimentos do Clube Militar, a politização da entidade se tornara evidente"*. Getúlio tomara posse com a concordância das Forças Armadas e para o importante cargo de Ministro da Guerra nomeou o gal. Estillac Leal, que fora presidente do Clube Militar no governo Dutra. No período de criação do IFT o ministro da Guerra era o gal. Canrobert Pereira da Costa. Muitos desses militares foram colegas do engo. José Hugo, como o general Canrobert, general Estillac Leal, general Lott, general Tristão de Araripe e outros, que viam na Física um caminho para a Ciência se desenvolver no país. Graças a sua credibilidade junto a seus colegas de Colégio Militar, o engo. José Hugo convenceu-os a apoiar a idéia de criação do Instituto. Os militares também tinham interesses no desenvolvimento de uma tecnologia com armamentos nucleares, usavam argumentos com discursos de desenvolvimento econômico e defesa nacional, contudo alguns desses militares como o gal. Golbery tinha claro que o desenvolvimento de um projeto nuclear a curto prazo era inviável nas condições em que o país se encontrava, mas todos viam com bons olhos a criação de um Instituto de Pesquisas e para tanto deram seu apoio a criação do Instituto.

Pessoas civis importantes da indústria brasileira também foram contatadas, apesar do interesse do Conde Matarazzo em fundar em São Paulo uma Universidade nos moldes americanos e da boa aceitação que a idéia teve por parte do empresário José Ermírio de Moraes, as conversações para a criação do Instituto não evoluíram. A idéia, contudo, teve boa receptividade por parte do mecenas Dr. Samuel Ribeiro, conforme o engenheiro José Hugo Leal

Ferreira relata ao general Tristão de Alencar Araripe: *"Começa a despontar na fímbria do horizonte os primeiros albores da vitória. É com estas palavras que desejo dar-lhe a grata notícia de que o Dr. Samuel Ribeiro já me comunicou sua resolução de doar uma grande área - cerca de dez alqueires - na Cumbica; é a você, meu caro Tristão, que tem sido o amigo e companheiro compreensivo desde o primeiro momento, que cabem minhas melhores expressões de contentamento"*.

Em São Paulo, o gal.Ferlich então Comandante da Força Pública e o engo.José Hugo vão até o governador Adhemar de Barros, e conseguem deste o apoio para a criação do Instituto.

A Lei Estadual nº 782, de 29 de agosto de 1950, dispõe sobre a instituição do Instituto de Física Teórica, e em 22 de setembro de 1950 é designada, através da Resolução número 272, de 21 de setembro de 1950, pelo Sr. Governador Adhemar de Barros, a Comissão encarregada de elaborar os projetos de Estatutos da Fundação IFT. A Fundação passou a funcionar a partir de 2 de março de 1951, e o Instituto de Física Teórica iniciou suas atividades em 14 de junho de 1952.

O IFT foi criado como Fundação de direito privado, sendo seus instituidores o governo do Estado de São Paulo, cujo governador, na época, era o Sr. Adhemar de Barros, que fez uma dotação de 10 milhões de cruzeiros, e o Dr. Samuel Ribeiro, que fez uma dotação de um terreno em Cumbica, de 141.280 m2, no município de Guarulhos, avaliado em 30 milhões de cruzeiros.

A Fundação IFT, adquiriu pelo preço de seis milhões e quinhentos mil cruzeiros a serem pagos em cinco anos, um terreno na Rua Silvia, próxima à Avenida Paulista com 6.552 m2, sendo 700 m2 de área construída, onde começou a funcionar o Instituto.

A primeira reunião dos administradores da Fundação IFT foi realizada em 30 de novembro de 1951, na Rua Conselheiro Crispiniano, 378, em São Paulo, na Sede do Comando da Segunda Região Militar, com a presença do Dr. Samuel Ribeiro, Sr. Francisco Luís Ribeiro, Professor Luciano Gualberto, Coronel Antonio Stoel Nogueira, representando o Coronel Eleuthério Brum Ferlich , General Henrique Batista Duffles Teixeira Lott e o engenheiro José Hugo Leal Ferreira, sendo este último, nessa ocasião, eleito presidente da Fundação. Após a criação da Fundação, os Conselheiros reúnem-se e passam a contatar cientistas para a abertura do Instituto.

Um dos contatados foi o prof. Heisenberg, um dos pais da Mecânica Quântica, outro foi o prof. Guido Beck, ambos por já estarem com compromissos assumidos não vieram para o IFT.

Referindo-se às pessoas que auxiliaram na criação do IFT, o engo. José Hugo Leal Ferreira faz ainda uma deferência especial ao deputado Lauro Monteiro da Cruz e ao gal.Henrique Baptista Duffles Teixeira Lott, segundo suas palavras: *"(...) estes têm assistido ao IFT com desvelada bemquerença, testemunho do apreço à Ciência(...)".*

Após vinte anos de vida do IFT, o engenheiro José Hugo Leal Ferreira, escreveu estas palavras: *"A luta por um ideal só se torna compreensível quando ao amparo de consciência clarividente e vontade forte. Com estas clavas foram superadas dificuldades, afastado escolhos e atingidas as clareiras das realizações.*

*Que o amargo fel das decepções não nos haja faltado, nem seria necessário mencioná-lo.*

*A incompreensão generalizada decorrente de despreparo, aliada à indiferença dos que se consideram donos da ciência - de uma ciência ainda incipiente - não foi suficientemente forte para alquebrar o ânimo e levar ao desalento os defensores do IFT.*

*Perfeita consciência dos problemas da ciência no seu aspecto conceitual e, muito especialmente, no de sua organização, para criar ambiente de trabalho conforme exigências vitais da própria ciência, atinentes à sua própria essência, foram os determinantes da criação do IFT".*

## 2 Os Primeiros Tempos

### 2.1 Cientistas alemães

Em seu início, o IFT adotou como modelo o Max-Planck-Institut für Physik de Göttingen, então dirigido por Werner Heisenberg, um dos fundadores da Mecânica Quântica, que consultado, indicou para a direção científica do Instituto, o professor doutor Carl Friedrich von Weizsäcker.

O professor Weizsäcker foi o primeiro Diretor Científico do IFT, era de família aristocrática alemã, astrofísico, preocupado com problemas sociais e filosóficos e possuía grande renome no cenário da física mundial.

As atividades científicas do IFT iniciaram-se com o professor Weizsäcker como Diretor Científico, os dois professores assistentes alemães: os professores Macke e Oehme, e os professores assistentes brasileiros, os professores: Paulo Leal Ferreira e Paulo Sérgio de Magalhães Macedo, ambos, até então trabalhando no Departamento de Física da USP, o professor Jorge Leal Ferreira, recém formado no Departamento de Física da USP e o primeiro bolsista Chaim Samuel Hönig.

O professor Weizsäcker foi o responsável pelo seminário inaugural no IFT sobre *"Teoria da turbulência e suas aplicações em Astrofísica"*. O professor Weizsäcker ficou por breve tempo, aproximadamente dois meses e depois voltou para a Alemanha.

O Diretor científico seguinte do IFT foi o físico alemão Gert Molière. No ano de 1953, Molière como contratado da UNESCO, esteve no Centro Brasileiro de Pesquisas Físicas (CBPF), onde ministrou três seminários sobre "*Teoria de Mott-Scattering*" e "*Teoria de Scattering múltiplo*" seminários estes que despertaram muito interesse entre os físicos experimentais presentes. O prof. Molière, posteriormente, foi contratado pelo IFT, iniciando suas atividades como Diretor Científico em 1954, trazendo como seu assistente o Doutor Hans Joos.

Podemos dividir este chamado período alemão em duas fases. Na primeira tivemos no Instituto, os professores Weizsäcker, Oehme e Macke e na que denominamos segunda fase trabalharam no Instituto os professores Molière, Güttinger e Joos.

O quadro ilustra o tempo aproximado de permanência dos cientistas alemães no IFT.

| Professor | Local de Origem | Tempo aproximado |
|---|---|---|
| Carl von Weizsäcker | Instituto Max Planck | dois meses (52) |
| Wilhelm Macke | Instituto Max Planck | três anos (52,53,54) |
| Reinhard Oehme | Instituto Max Planck | dois anos (52,53) |
| Gert Molière | Universidade de Tubingen | três anos (54,55,56) |
| Werner Güttinger | Instituto de Tecnologia de Aachen | dois anos (55,56) |
| Hans Joos | Universidade de Tubingen | três anos (54,55,56) |

## 2.2 Os recursos para o IFT nesse período alemão

Os primeiros recursos para o Instituto, conforme já mencionamos, vieram da dotação do governo do Estado de São Paulo, de 10 milhões de cruzeiros e do Dr. Samuel Ribeiro através de um terreno em Cumbica, no município de Guarulhos, avaliado à época em 30 milhões de cruzeiros.

O IFT, até 1957, enfrentou problemas relativos ao terreno de Cumbica, pois este não estava dotado como bem livre e com a morte do Dr.Samuel Ribeiro, o acordo com sua família foi difícil, tendo o IFT, acabado por receber em 1958, parceladamente uma dotação muito inferior à inicial.

Outras verbas com as quais o IFT foi mantido foram contribuições mensais de 30 mil cruzeiros da Cia Antártica Paulista, até setembro de 1955, quando foi suspensa com promessas de restabelecimento em tempo oportuno e de 20 mil cruzeiros do Centro das Indústrias de São Paulo; houve ainda, a doação de

200 mil cruzeiros do Jockey Club e de 50 mil cruzeiros, da Caixa Econômica Federal .

Essas contribuições eram insuficientes para atender às necessidades do IFT.

Naquele ano, o IFT recorreu ao CNPq para a suplementação de verbas, mas a troca de presidente do CNPq e os entraves burocráticos impediram a vinda de recursos para o IFT.

O IFT recorreu à Câmara dos Deputados e através de uma emenda apresentada pelo Deputado Lauro Cruz , para o orçamento da Educação para o ano de 1957, apesar de inicialmente vetada pelo presidente Jânio Quadros, foi posteriormente aprovada pelo Congresso Nacional. Foi concedido ao IFT 8 milhões de cruzeiros e mediante projeto, uma subvenção anual de 3 milhões de cruzeiros pelo prazo de cinco anos consecutivos. Este dinheiro permitiu ao Instituto saldar o débito das últimas prestações de seu prédio-sede e acertar os salários dos cientistas, mas enquanto a verba não foi liberada, o engo. José Hugo, teve que assumir empréstimos em seu nome para honrar os compromissos do Instituto. Estes recursos permitiram ao IFT a regularização de sua situação financeira .

Após ajustes em seus estatutos e acertos burocráticos, o IFT foi considerado, em 1959, de *Utilidade Pública*. Com isso, supunha-se que os recursos financeiros viriam com maior facilidade, o que também não se tornou realidade.

## 2.3 Cientistas japoneses

A vinda de físicos estrangeiros de alto nível tornou-se difícil, após a saída dos cientistas alemães. Os países impediam a saída de seus cientistas para estágio prolongados no exterior. Em 1957, o prof. Wataghin esteve no Brasil e quando consultado sobre a vinda de físicos europeus para o IFT, prontificou-se a colaborar, mas entendia que os contatos deveriam ser feitos pessoalmente. Diante dessas circunstâncias, o IFT enviou os professores Paulo e Jorge Leal Ferreira à Europa com o objetivo de contratar físicos que tivessem condições de dirigir o Instituto, mas os físicos europeus contatados não foram disponibilizados para saírem de seus países, apesar de haver interesse de alguns deles. Os contatos se estenderam até o Japão, que estendeu o convite ao professor Mituo Taketani. O professor Taketani junto com Yukawa, Sakata e Tomonaga, eram nomes de liderança na comunidade científica japonesa e direcionavam as pesquisas em Física no Japão pós-guerra, portanto possuía as qualidades necessárias para dirigir o Instituto.

O professor Taketani chegou em fins de maio de 1958, no mesmo período, chegou seu jovem assistente o professor Yasuhisa Katayama.

O trabalho do professor Taketani à frente do IFT obteve reconhecimento da comunidade científica. Como Diretor Científico, imprimiu uma dinâmica de alta produtividade científica no IFT. Em seus contatos com a imprensa sempre mencionava a importância da Ciência para o desenvolvimento do país,

Juntamente com seus assistentes, Taketani implementou uma nova dinâmica de trabalho no Instituto, introduziram os *"Seminários de Informação"* em que eram discutidos assuntos da literatura da época e, por sua iniciativa, inicia-se a publicação do Boletim *Informações entre Físicos*.

O objetivo do boletim era promover a circulação de informações científicas no campo da Física Teórica e Experimental. Tinha circulação limitada aos centros de Física do país, aos físicos brasileiros e aos estrangeiros que colaboraram com a física brasileira. À frente do boletim esteve o professor Jorge Leal Ferreira, que procurou mantê-lo junto com o auxílio de outros colegas.

O ano de 1959, para o Instituto, sobre o aspecto de atividades científicas foi considerado muito produtivo, segundo o engo. José Hugo: *"foi um ano áureo, em razão dos extraordinários progressos alcançados e dos trabalhos realizados graças à presença de um homem de excepcional atributos à frente da direção científica do Instituto, o prof. Taketani"*.

Quando os professores M. Taketani e Y. Katayama voltaram para o Japão, vieram para substituí-los os professores Tatouki Myazima para Diretor Científico e como seu assistente os professores Daisuke Itô e Jun'ichi Osada, que chegaram a São Paulo em 23 de abril de 1960, com contrato por um ano.

O professor Myazima pertencia ao grupo de Tomonaga no Japão, de renome no cenário da física japonesa e com muitos trabalhos publicados ; junto com seus assistentes organizou grupos de pesquisa sobre reações nucleares e teoria da desintegração-$\alpha$ e posteriormente sobre produção múltipla de mésons.

A vinda do professor Myazima foi uma continuidade do trabalho que o IFT tinha iniciado em 1958 com os físicos japoneses, ele organizou um programa de reações nucleares, contando com a colaboração dos professores Osada e Itô. Sua especialidade era no campo de ondas eletromagnéticas, com diversos trabalhos, principalmente nas suas aplicações em aparelhagem de radar.

Nos meses de abril e junho de 1961, os professores Myazima e Itô, com o término de seu contrato com o IFT retornaram ao Japão. O professor Osada transferiu-se para o Departamento de Física da USP ao findar seu contrato com o IFT.

A partir de 1957, o IFT com a vinda dos japoneses, realizou notáveis progressos na pesquisa física, contudo as relações permaneciam imutáveis com a política e a administração do país na obtenção de recursos.

O quadro ilustra o tempo aproximado dos cientistas japoneses no IFT.

| Professor | Local de Origem | Tempo aproximado |
|---|---|---|
| Mituo Taketani | Universidade de Rikkyo, Tóquio | dezoito meses (58, 59) |
| Yasuhisa Katayama | Universidade de Kyoto | dezoito meses (58, 59) |
| Tatuoki Myazima | Universidade de Educação, Tóquio | um ano (60, 61) |
| Daisuke Itô | Universidade de Hokkaido | um ano (60, 61) |
| Jun 'ichi Osada | Instituto de Tecnologia, Tóquio | um ano (60, 61) |

Nesses anos todos, vale destacar a figura do professor José Reis, que a partir de 1956, passou a fazer parte do quadro do Conselho de Diretores do IFT. Seus artigos sobre o Instituto, porém, eram publicados desde o início da criação do IFT. Existem, em revistas, como em *Anhembi* e *Ciência e Cultura* inúmeros artigos seus, sempre favoráveis às diretrizes que norteavam o IFT . Neles J.Reis ressalta sua indignação em relação ao descaso do governo brasileiro para uma política séria sobre Desenvolvimento, Ciência e Tecnologia.

Percebe-se que apesar do apoio e até da insistência dos oficiais generais do exército brasileiro de espírito nacionalista, em prol de uma política científica para o país, incluindo neste projeto, recursos financeiros para apoiarem instituições como IFT, há um certo descompasso com a política do Governo brasileiro sobre desenvolvimento científico, daí os recursos destinados ao Instituto quando não cortados, chegarem bem reduzidos.

Neste período para o Instituto conseguir os recursos necessários ao seu desenvolvimento recorreu ao Conselho Nacional de Pesquisas e a outras subvenções e através da emenda do Deputado Lauro Cruz, anteriormente citada, conseguiu os recursos financeiros.

Quando foi encerrado o caso sobre o terreno de *Cumbica* em 19 de dezembro de 1958, conforme Ata do IFT, os Conselheiros reuniram-se para decidir a melhor forma de aplicar as prestações mensais que receberiam da família Güinle, a fim de que o dinheiro não se depreciasse rapidamente com a inflação que aumentava ano a ano.

Figura 1: 21/05/1958 - Chegada do Prof. Mitsuo Taketani (ao centro) no aeroporto de Congonhas. Da esquerda p/ a direita: Diógenes Rodrigues de Oliveira, Abraão Zimerman, Austregésilo, Jorge Leal Ferreira, Paulo Roberto Paula e Silva, Gerhard Bund, Paulo Leal Ferreira, Zenbati Ando, Silvestre Ragusa, Susumi Myao, Katsunori Wakisaka.

Figura 2: Cocktail em Outubro, 1958, em comemoração ao lançamento do primeiro número do Boletim de Informções entre Físicos. Da esquerda p/ a direita: Paulo L. Ferreira, Katayama, Gerhard W. Bund (quase oculto), Paulo Roberto Paula e Silva, Silvestre Ragusa, Jorge L. Ferreira, Austragésilo, Mitsuo Taketani e o Secr. Soares.

No ano de 1961, quando o professor Paulo Leal Ferreira assumiu como Diretor Executivo do IFT, crescia a procura pela Instituição, havia necessidade de contratar novos pesquisadores e bolsistas, dar assistência médico-hospitalar e odontológica aos físicos e funcionários, fazia-se necessário uma reforma no prédio-sede e até de ampliações, necessitava-se adquirir livros para a biblioteca. Com todos esses problemas, havia ainda muita dificuldade para se conseguir verbas para a instituição.

Dentro do âmbito político, Jânio que vencera as eleições com o apoio da UDN, acaba renunciando à presidência em 25 de agosto de 1961, renúncia até hoje considerada polêmica.

Os militares oposicionistas ao vice João Goulart tentaram impedir-lhe a posse, contudo, o Congresso aprovou João Goulart num regime parlamentarista, com o objetivo claro de diminuir-lhe o poder e contentar seus opositores. Assim, o parlamentarismo, até hoje desejado por muitos, entra no país de forma sui generis , para resolver uma crise e nessas condições, acaba durando pouco tempo.

No início dos anos setenta, o país vivia dentro de um conturbado momento político e, por conseguinte, as instituições brasileiras, nelas se incluindo as instituições científicas que encontravam dificuldades para conseguir verbas para se desenvolverem. Nota-se que os interesses políticos, muitas vezes escusos, eram divergentes das necessidades que a Ciência tinha para que o país pudesse se desenvolver em nível de competitividade com outros centros. Um depoimento veemente nesse sentido é feito por Maurício O. da Rocha e Silva, o descobridor da bradicinina, na XII Reunião Anual da SBPC, em 1960, no qual faz menção aos escassos recursos recebidos pelo CNPq afirmando que estes são muitas vezes sonegados sem os devidos esclarecimentos à sociedade.

# 3 Início do período brasileiro

Após ter recebido os quatro grupos de cientistas estrangeiros, o trabalho produzido no Instituto fez com que, nesses oito anos, a equipe de pesquisadores do IFT se consolidasse. Ante as dificuldades de conseguir novos professores de alto nível vindos do exterior, adotou o IFT a estratégia de enviar para estagiar na Europa e Estados Unidos, os seus físicos mais antigos e melhor preparados visando o seu aperfeiçoamento, com objetivo de que quando estes retornassem, o Instituto passasse a ter um quadro de pesquisadores de alto nível. Além disso, para que as atividades científicas mantivessem suas qualidades, passou o Instituto a receber vários físicos por prazos curtos, em geral de alguns meses, na qualidade de professores visitantes. A partir de 1961, assume como o primeiro brasileiro à frente das atividades do IFT, o professor Paulo Leal Ferreira, inicialmente foi designado para o exercício das funções de Diretor Executivo. A Ata da Fundação sobre o assunto afirma que: *"(...)Tem o Diretor Executivo representado o Instituto em suas relações com outros centros científicos e nos entendimentos para a seleção e admissão de novos físicos e bolsistas atento às disposições e finalidades do Instituto, bem como nos atos administrativos mais diretamente ligados às atividades de pesquisa científica".* No ano seguinte o professor Paulo Leal Ferreira é oficialmente empossado no cargo de Diretor Científico do IFT, e o gal. Ferlich, que antes fora Conselheiro da Fundação, assume como Diretor Administrativo. Sempre estudando e trabalhando com renomados físicos e conhecedor profundo da Instituição da qual participara desde sua criação, o prof. Paulo Leal Ferreira foi considerado preparado para dirigir o IFT, que tinha também nessa época, professores do quilate de Geraldo Ávila e Luís Carlos Gomes; que contribuíram para a continuidade das atividades científicas no Instituto. No dizer do prof. Zimerman, um dos mais antigos pesquisador do IFT: *"O Paulo estava preparado para dirigir o Instituto".* O prof. Paulo Leal Ferreira fora assistente durante aproximadamente seis anos do professor Wataghin na USP, com o retorno deste para a Itália, trabalhou com David Bohm, indo depois para o IFT. Passou um ano, em 1968, em Triestre, no Centro Internacional de Física Teórica, cujo diretor era o prof. Abdus Salam. Em 1950, em viagem de férias, estudou em Bruxelas. Do seu gosto pela pesquisa ele disse: *"Devo aos queridos mestres Gleb Wataghin, Mário Schenberg, José Leite Lopes, Guido Beck, Hans Joos e Mituo Taketani, pelos seus preciosos ensinamentos à minha formação e o gosto pela pesquisa em Física Teórica".*

No simpósio realizado em comemoração dos 70 anos do professor Paulo L. Ferreira o professor V.C.Aguilera-Navarro, faz importantes declarações sobre sua pessoa, de suas contribuições para a Física no país e de seu empenho em dirigir o IFT com eficiência e qualidade, a fim de que seus objetivos fossem alcançados.

O professor Valdir Casaca Aguillera-Navarro comentou que: *"Não fosse pela sua dedicação, vontade férrea, disposição para enfrentar as piores situações, certamente o IFT não teria se firmado entre os centros de pesquisa mais importantes do Brasil. (...) O professor Paulo sempre foi um pesquisador profícuo, produzindo muito, dedicando-se aos seus orientados com amizade e profissionalismo. Sempre acompanhou e creio que ainda acompanha o IFT".*

Em 1961, comemoraram-se os dez anos de atividades do IFT: *"Modesta reunião se realizou no primeiro sábado de julho no IFT de São Paulo, para comemorar o décimo aniversário da criação desse instituto, como fundação. Grande é a contribuição já dada pelos físicos do Instituto à ciência, publicada nas mais reputadas revistas estrangeiras. À reunião compareceram vários deputados federais e senadores, desejosos de conhecer a maneira mais eficiente do funcionamento da fundação. Discutiram-se na ocasião vários pontos ligados à política geral de nosso país. Nessa discussão tratou-se também de importantes problemas do ensino superior e focalizou-se o papel que o Instituto já tem desempenhado no reconhecimento e na seleção de grandes valores científicos entre a mocidade de nossas universidades, em mais de um ponto do país".*

É interessante ressaltar que o IFT, segundo alguns depoentes foi local de reuniões sobre os encaminhamentos que se deveria dar aos órgãos que financiavam a pesquisa científica, muitas das posições assumidas pela FAPESP foram discutidas nessas reuniões. Em 1964, por exemplo, o Instituto, foi sede de reuniões onde se discutiram formas de impedir a criação do Ministério da Ciência e de substituir o Conselho Nacional de Pesquisas por duas Fundações de Direito Público, uma destinada a gerir a Ciência e outra à Tecnologia, nas quais estiveram presentes o Deputado Lauro Cruz, J.Reis, Carlos Benjamim de Lyra, representantes da FAPESP, como Warwick Kerr, Dr. Antonio Bandeira de Mello, Dr. Geraldo Ataliba Nogueira, representante da Associação dos Professores do Estado de São Paulo e outros. Pensavam que teriam o apoio do presidente Castelo Branco, com quem o gal. Ferlich já havia feito contatos preliminares, contudo o Presidente acabou optando por manter o CNPq.

Como o Instituto desde sua criação teve o apoio dos militares, conforme já mencionamos, e até 1964 fazia parte do Conselho da Fundação o Marechal Stênio Caio de Albuquerque Lima, poder-se-ia imaginar que o IFT fosse resolver seus problemas financeiros nesse novo momento político, de regime militar porque passou o país. Embora não tenha havido ingerência nas atividades científicas e nem cientistas da instituição terem sido cassados durante o regime militar, a falta de uma política governamental para a ciência prejudicou as instituições científicas. Nesse sentido, houve pronunciamentos de militares ligados ao Instituto como o do gal.Pery Constant Bevilaqua. Historiadores que analisaram esse período também escreveram sobre as dificuldades encontradas para os recursos chegarem às instituições, por exemplo S. Schwartzman escreveu que: *"Foram criados vários órgãos governamentais e a serem organizados fundos para a ciência e a tecnologia. (...)A contradição entre essas políticas e as simultâneas medidas de repressão refletia em boa medida, a ausência, por parte do governo central, de qualquer política definida em questões de ciência* e educação, falha essa que conduziu a decisões baseadas em uma divisão de esferas de influência dentro da burocracia do Estado". O IFT, que dependia fortemente das subvenções federais, com a redução das mesmas passou a sofrer cortes e atrasos em seus recebimentos.

Além da falta de recursos, o Instituto crescia, fazia-se necessário ampliar o número de físicos e bolsistas, além das reformas urgentes no prédio-sede, ou a aquisição de um outro prédio. O Instituto tentou obter desconto no Imposto de Renda das doações recebidas, mediante projeto enviado à Câmara, mas este foi rejeitado.

Durante a década de 60 a indefinição governamental de uma política clara para o desenvolvimento da ciência e tecnologia persistiu. O CNPq não conseguia receber as suas verbas orçamentárias já votadas e aprovadas pelo legislativo, quando as recebia vinham com cortes, também não conseguia escapar das injunções políticas dentro do órgão, a sua prática administrativa deixava a desejar. *"É verdade que, em parte, esse decréscimo deve-se à transferência das suas atividades em energia nuclear para a Comissão Nacional de Energia Nuclear (CNEN), provocando o seu esvaziamento político. Mas também esse descaso com o CNPq provinha de uma visão deformada e apressada sobre Ciência e Tecnologia, como demonstra o aporte de recursos para a Comissão Supervisora dos Institutos (COSUPI) que tinha a finalidades de financiar pesquisas práticas. Segundo opinião do prof. Shozo Motoyama a COSUPI foi um completo fiasco".* Contudo ocorreram fatos importantes nessa década como a fundação da Universidade de Brasília em 1961, que apesar de promissora teve a sua trajetória prematuramente interrompida em 1965 por intervenção que sofreu durante o regime militar. Em São Paulo, houve a concretização da FAPESP em 1962, que prestou auxílio não só a instituições de ensino superior, mas também à iniciativas voltadas para o ensino e aprendizagem básicas. Houve a ascenção da UNICAMP, então dirigida pelo professor Zeferino Vaz, propiciando maior integração entre indústria e universidade. Iniciou-se em 1963, o COPPE (Coordenação de Programas de Pós-Graduação em Engenharia), uma tentativa de criar um programa de ensino e pesquisa de alta tecnologia na Universidade do Rio de Janeiro, que teve apoio da FUNTEC e do BNDES. Sobre a política de investimentos para a Ciência e Tecnologia no regime militar, analisa S.Schwartzman: *"O envolvimento do maior banco de investimento do Brasil - o Banco Nacional de Desenvolvimento Econômico (mais tarde também 'Social', BNDES), de propriedade do governo - no campo da ciência e tecnologia constitui o traço mais interessante do novo período. Pela primeira vez em toda a história do Brasil, havia um esforço organizado no sentido de colocar a ciência e a tecnologia a serviço do desenvolvimento econômico mediante o investimento de recursos substanciais. Em 1964, o Banco criou um programa para o desenvolvimento tecnológico conhecido sob o nome de Fundo Nacional de Tecnologia (FUNTEC), que nos seus primeiros dez anos despendeu cerca de 100 milhões de dólares para pesquisa e ensino, em nível de pós-graduação, nos ramos de engenharia e exatas e campos afins".*

As raízes ideológicas desse período podem ser localizadas em uma combinação de duas tendências aparentemente opostas, uma, desenvolvimentista, que emanara dos trabalhos da Comissão Econômica das Nações Unidas para a América Latina (CEPAL), que defendia que a ciência e as universidades poderiam exercer um papel positivo na conquista de transformações socioeconômicas, através do planejamento e intervenção estatais visando a corrigir os efeitos da dependência, e a outra, que se referia ao nacionalismo do regime militar que pretendia supostamente reduzir o papel do Estado em todas as esferas da atividade, naturalmente, desde que isso não comprometesse o controle da participação e expressão políticas. Segundo S. Shwartzman: *"em primeiro lugar havia as idéias a respeito da dependência econômica e tecnológica e da conseqüente necessidade de planejamento científico como forma de superá-la. José Pelúcio Ferreira, foi o economista que organizou o Fundo de Desenvolvimento da FINEP e mais tarde se tornou vice-presidente do CNPq, admitiu que seu trabalho no campo da ciência e tecnologia sofreu um impacto das idéias cepalinas e do ISEB (Instituto Superior de Estudos Brasileiros organização constituída no Rio de Janeiro com o intuito de realizar pesquisas interdisciplinares, que foi fechada pelos militares em 1964".*

O governo Castelo Branco, apesar das contradições como a invasão da Universidade de Brasília, e a evasão de cientistas que saíam em busca de melhores condições de trabalho, tinha uma proposta de política científica que ressaltava a importância da ciência e da pesquisa, com a necessidade de formação de profissionais especializados, para alavancar o crescimento econômico. Sua intenção, dizia Castelo Branco, era devolver o poder aos civis, após o restabelecimento da ordem no país, contudo sua proposta foi derrotada com a posse do gal.Costa e Silva, conhecido como pertencente à chamada linha dura do Exército que entendia que os militares deveriam permanecer por mais tempo no poder. Nesse quadro, a democracia perdia espaço, apesar da retomada de crescimento e redução do processo recessivo, o autoritarismo se fortalecia, as medidas em prol de políticas científicas valorizavam a tecnologia para o desenvolvimento do país seguindo as orientações dos Planos Estratégicos de Desenvolvimento (PED), que tiveram seus desdobramentos nos Planos Básicos de Desenvolvimento de Ciência e Tecnologia (PBDCT), coordenados pelo CNPq

Sobre as dificuldades encontradas pelo Instituto nessa época, escreveu o engo. José Hugo: *"Enquanto instituições respeitáveis que comprovam sua idoneidade, não apenas com a exatidão e regularidade de prestação de contas, porém muito acima disso, com a qualidade de seus trabalhos, assim compreendidos em sua essencialidade, em seu alcance, lutam com falta de recursos e outros empecilhos, o pior dos quais é a impontualidade, entidades fantasmas são subvencionadas. Por ação moralizadora do atual governo, acaba de apurar a Comissão de Fiscalização Financeira da Câmara dos Deputados, em meados de julho de 1970, que trinta por cento das entidades subvencionadas não existem, não tem sede, não funcionam".*

## 4 A década de 1970

O Brasil encontrava-se numa ditadura militar implantada em 1964; uma das características dessa ditadura é de não ser ter sido uma ditadura pessoal. Dentro do generalato de quatro estrelas, era escolhido o presidente da República, cabendo a decisão final ao Alto Comando das Forças Armadas. Se, pela legislação, cabia ao Congresso eleger o presidente, na prática, este apenas cumpria às determinações superiores.

Em seguida à junta militar que governou o país após o governo Costa e Silva, assumiu a presidência a partir de outubro de 1969, o general Emílio Garrastazu Médici, até março de 1974, quando então passou a ser presidente o general Ernesto Geisel, que governou o país até março de 1979.

Nesse período, houve grande concentração de renda principalmente das classes mais altas, o endividamento externo passou de 4,4 bilhões de dólares para 17,1 bilhões de dólares, praticamente quadruplicou. Sem prazo de vigência, é baixado o AI-5, que vigorou de 1968 a 1976; com ele o governo podia colocar em recesso o Congresso Nacional, cassar mandatos eleitorais, suspender direitos políticos, decretar Estado de Sítio. Em 11 anos de vigência, puniu milhares de pessoas. Incluídas na Lei de Segurança Nacional, estavam as medidas excepcionais que estabeleceram a censura prévia direta nas universidades e escolas, o controle político-ideológico da imprensa, a expulsão do país de pessoas *inconvenientes* ao regime, além da implantação de penas de morte e prisão perpétua.

Os manifestos dos cientistas, nas reuniões anuais da SBPC nesse período, foram fortes argumentos para que, a partir de 1967, o Ministério das Relações Exteriores colocasse em prática a Operação Retorno, oferecendo melhores condições de trabalho e salários adequados, objetivando trazer de volta cientistas que estavam trabalhando no exterior. Em 1969, foi criado o Fundo Nacional de Desenvolvimento Tecnológico( FNDCT ) para financiar projetos na área. As boas intenções governamentais se contrapunham, na prática, ao uso do AI-5, cassando e aposentando compulsoriamente pessoas da intelectualidade brasileira, onde incluíam-se cientistas e professores, gerando um clima conflituoso entre a comunidade científica e o governo, com reflexos danosos nas instituições onde a ciência se desenvolvia.

Apesar de ter havido esforços da área governamental, os resultados esperados não foram alcançados, segundo S. Motoyama *"porque a correlação das forças envolvidas sempre foi instável, provocando medidas contraditórias no fluxo nem sempre definido da história. Mas, também não há que esconder um clima de desconfiança mútua influenciando o processo, agravada muitas vezes pela compreensão falha do papel social da ciência"*. Isto fica claro, por exemplo, no Acordo Nuclear entre Brasil-Alemanha, onde a comunidade científica é marginalizada, e nos confrontos entre a SBPC e setores governistas. Não se pode deixar de citar o crescimento da UNICAMP, viabilizado pelo empenho da comunidade científica e medidas governamentais, que comprovava a possibilidade de integração entre indústria e institutos de pesquisa.

No IFT, o contrato com o BNDE a vigorar até agosto de 1971, denominado FUNTEC-63, com o complemento de outras verbas vindas do MEC, CNPq e FAPESP,propiciou um maior desenvolvimento da atividades nesses últimos anos. *"Pode-se mesmo dizer que, não fosse a atuação do BNDE, a maior parte de nossas instituições de Pós-Graduação se veria em face de seríssimas dificuldades. Não apenas tem o BNDE, através do FUNTEC, aplicado recursos importantes na área de pesquisa e pós-graduação, como a concessão desses recursos tem sido feita de forma programada e regular, o que não ocorre com as verbas distribuídas por outras fontes, exceção feita a FAPESP "*. A falta de regularidade das verbas que o Instituto recebia na forma de subvenções, causava grandes transtornos para a administração do Instituto. Nesse ano o IFT procurou manter contato com a direção da FUNTEC a fim de discutir a possibilidade de novo contrato na área de pós-graduação, e no dizer do diretor científico, *"as perspectivas eram favoráveis"*.

Em 1971, foram concluídas as reformas no prédio-sede e no prédio anexo. Nesse ano, além do trabalho burocrático para a instalação dos cursos de pós-graduação, o Instituto teve aumento de funcionários e de bolsistas, o que gerou o comentário do engo. José Hugo: *"maior barco, maior tormenta"*. O IFT já não era o local que oferecia as condições ideais de tranqüilidade dos anos 50, o local agora estava cercado de edifícios de apartamentos e o trânsito aumentara muito nessa região. Preocupado em manter a mesma qualidade de antes e ser fiel aos objetivos, os ifteanos gal.ferlich e Lauro Monteiro da Cruz foram até o governador Laudo Natel, que se prontificou a encontrar novo local para o Instituto se instalar, para isso, inclusive se propondo a ir até o prefeito Figueiredo Ferraz .

Foi cedido pelo governador Laudo Natel, um terreno em Vila Dalva, Butantã. A cessão de uso fora feita através da lei n° 44, de 24 de outubro de 1972. Nesse terreno o IFT contava com a possibilidade de construir sua nova sede, contudo este foi invadido por famílias de favelados. Na Ata da Fundação consta que: *"Tivemos a desagradável surpresa de vê-lo ocupado por famílias de favelados que ali se instalaram. (...) Diante da situação criada, não foi possível levar avante as providências previstas de levantamento do terreno e terraplanagem, com vista à localização da nova sede"*.

O ano de 1971 foi muito especial para o Instituto, iria completar 20 anos de existência, iniciara os cursos de pós-graduação e fora declarado Centro de Excelência pelo CNPq. Os cursos de pós-graduação tiveram muita procura, apresentaram-se mais de 40 candidatos, tendo o IFT selecionado 24 destes, sendo 4 de doutorado e 20 de mestrado. A aula inaugural da pós-graduação foi dada pelo professor Roberto Salmeron com o tema *Alguns aspectos da Física das Partículas*.

Devido ao atraso das subvenções em 1972, o engo. José Hugo, teve que prover com recursos próprios e empréstimos bancários a manutenção do Instituto nos três primeiros meses do ano; ironizou a situação, comentando: *"Nas instituições 'modelarmente organizadas', quando não é a carroça que quebra a roda, é o burro que quebra a perna"*.

Em dezembro de 1973 o Conselho Federal da Educação, credenciou os cursos de pós-graduação do IFT em níveis de mestrado e doutorado. O IFT formou a sua primeira turma de mestres, num total de cinco alunos, além de duas dissertações de mestrado que foram feitas no Instituto de Física da USP, sendo orientadores professores do IFT. As primeiras teses de mestrado defendidas no IFT foram de Ronald Cintra Shellard, intitulada: *" Amplitude de decaimento eletromagnético no modelo a quarks"*, orientada pelo professor Paulo L. Ferreira; Oyanarte Portilho, com a tese: *"Estudos sobre o $^{12}C$ no modelo de três partículas alfa"*, orientada pelo prof.Valdir C. A. Navarro; Roberto Yamaoka, com a tese: *" Estado base e fatores de forma do $^3H$ e do $^3He$"*, orientada pelo professor Valdir C. A. Navarro; Sérgio de Godoy Andrade, com a tese: *"O átomo de hélio como um problema de três corpos: cálculo da energia do estado fundamental"*, orientada pelos professores A. H. Zimerman e Jorge L.

Ferreira; Bruto M. Pimentel Escobar, com a tese: *"Aplicação da aproximação básica do método dos K-harmônicos à partícula alfa"* orientada pelo prof. J. A. Castilho Alcarás

Em 1975, o Instituto tentou junto ao prefeito Miguel Colassuono e autoridades municipais, enquadrar o terreno da Rua Sílvia em zona especial, a fim de torná-lo rentável, o que possibilitaria resolver grande parte dos problemas financeiros: *"(...) Tal desideratum seria possível pela sub-rogação de parte do terreno de propriedade da Fundação, com cerca de 3.000 m$^2$ de área não utilizada, com frente para a Rua Sylvia , por imóveis que proporcionassem renda imobiliária à Fundação"* Outro problema que o IFT tentava resolver junto ao Banco Nacional do Desenvolvimento era o acerto do FGTS de seus cientistas e funcionários, que precisavam ser recolhidos desde 1967 até 1975, mas que, devido a problemas burocráticos e de ordem financeira, não o foram.

Com o falecimento do engo. José Hugo em 4 de fevereiro de 1978, o professor Jorge Leal Ferreira, que já vinha como vice-presidente exercendo as funções de presidente interino, é oficializado no cargo de presidente da Fundação IFT e o prof. Chaim Samuel Hönig passa a ser o vice-presidente. Os conselheiros do IFT sobre a passagem de seu idealizador o engo. José Hugo, disseram: *"Não temos palavras em registrar a grande perda sofrida por todos nós. Resta-nos reverenciar a sua memória e seguir o seu dignificante exemplo na luta por ele empreendida ao longo de toda a sua vida em prol de magnos problemas brasileiros, entre os quais sempre figurou a da causa da ciência em nosso país"*.

## 5 O período de transição : 1980 - 1987

O gal. João Batista de Figueiredo tomou posse em março de 1979 e deixou o governo, no início de 1985, quando a situação econômica era de temporário alívio, mas o balanço daqueles anos foi negativo, pois a inflação, que passara dos 40% em 1978, bateu na casa dos 223% em 1984, e a dívida externa, que era de 43 bilhões de dólares, subiu para 91 bilhões no mesmo período. Com as reservas em dólares esgotadas, em 1983 o país teve de recorrer ao Fundo Monetário Internacional. A partir de 1984, com a queda do preço do petróleo e aumento das exportações, a economia reativou-se, devido à redução de importações como a do petróleo e aos investimentos feitos a partir do II Plano Nacional de Desenvolvimento ( II PND ). Referindo-se a esse período, B. Fausto diz que: *"O período Figueiredo combinou dois traços que muita gente considera de convivência impossível: a ampliação da abertura e o aprofundamento da crise econômica.(...) O equívoco desse raciocínio estava em fazer da política uma simples decorrência da economia. (...) Como um todo a abertura seguiu seu curso, em meio a um quadro econômico muito desfavorável. A opção autoritária se desgastara mesmo nos círculos do poder, embora restassem ainda os minoritários e perigosos 'bolsões radicais' ".*

No governo Figueiredo esteve em vigor o III PBDCT (1980-1985), que priorizava principalmente os setores de agropecuária e energia, enquanto a ciência e a tecnologia receberam poucos recursos; os setores de maior peso político dentro do Congresso Nacional foram os mais privilegiados. No período de 1981 a 1983, houve crescimento do desemprego e aumento da inflação. Para a ciência e tecnologia, esse foi um período de retrocesso, com enfraquecimento de instituições e grupos de pesquisa, as classes de renda mais baixa ficaram tiveram pioradas suas condições de vida, motivos pelos quais, entre outros, essa foi considerada por muitos, a *década perdida*.

No quadro sucessório federal, em 1985, *"por caminhos complicados e utilizando-se do sistema eleitoral imposto pelo regime autoritário, a oposição chegava ao poder"*. Com a morte de Tancredo Neves, José Sarney tomou posse como o primeiro presidente civil após o regime militar. Considera-se ponto alto de seu governo o respeito às liberdades públicas, apesar de ter mantido o Serviço Nacional de Informações (SNI). Durante seu governo, em 1988, a Nova Constituição Brasileira foi promulgada, com avanços em algumas áreas, como na social, tendo persistido, contudo, a distância entre a lei e a prática.

Se nas duas décadas anteriores os governos militares investiram em ciência e tecnologia, o mesmo não ocorreu na década de 80. Na primeira metade dos anos 80, os investimentos na área de ciência e tecnologia foram fortemente reduzidos, as instituições científicas passaram por momentos difíceis.

## 5.1 Os órgãos financiadores e o IFT

Nos primeiros anos da década de 80, o Conselho Nacional de Pesquisas, devido a falta de recursos, dava pouco apoio aos institutos; os problemas gerados pela restrição aos investimentos na área da ciência deixaram os Institutos de Pesquisas e as Universidades em situação difícil, comprometendo suas atividades. A situação era grave a ponto de o cientista C. Pavan fazer a seguinte declaração: *"Quanto mais decrescem os investimentos em pesquisa, mais aumentam os obstáculos que nos separam do estágio de aprimoramento atingido pelas nações mais democráticas e desenvolvidas"*. Na revista "Ciência e Cultura", a SBPC, em artigo intitulado *"Sociedades alertam quanto à situação do apoio à pesquisa"* chama a atenção para a falta de apoio aos órgãos de pesquisa. No simpósio de abril de 1983 *"Financiamento da Pesquisa, Universidade e a Crise Brasileira"*, coordenado por S. Motoyama e com apoio da Adusp, que reuniu além de cientistas, representantes de agências de fomento como CNPq, FAPESP, FINEP e de entidades como a SBPC, foi debatido o problema que a redução de verbas acarretava para as Universidades e Institutos de Pesquisa. Nessa ocasião, estudantes dos cursos de pós-graduação entregaram um documento ao presidente do CNPq, repudiando os baixos índices aplicados nos reajustes das bolsas de estudo. Em 1983, a SBPC, alertava que os cortes nos investimentos afetavam entidades e instituições científicas e criavam problemas de vários níveis, os jornais de grande circulação falam do desaparecimento da pesquisa, conforme notamos na seguinte manchete:

*"Pesquisas podem desaparecer, alerta SBPC"*- Folha de São Paulo, 17 ago.1983, p.17.

Apesar dos cortes nas verbas dos órgãos de fomento à pesquisa, em 1981, o IFT recebeu recursos do CNPq através do Instituto Brasileiro de Informações em Ciência e Tecnologia (IBICT), com os quais pôde saldar a dívida com o FGTS. Apoiado pelo CNPq, no ano seguinte, o Instituto comemorou o seu trigésimo aniversário, promovendo um programa de atividades científicas, que contou com renomados pesquisadores nacionais e estrangeiros como conferencistas Os professores brasileiros José Leite Lopes, R. Salmeron, Jayme Tiomno, os argentinos, J. J. Giambiagi e C. R. Garibotti e os mexicanos, M. Moshinsky, J. L. del Rio Correa, Manuel de Llano, P. A. Mello, Germinal Cocho Gil, foram os conferencistas na comemoração dos trinta anos de existência do IFT. Em 1984, o apoio do CNPq para as bolsas de pesquisa, e o da CAPES para a pós-graduação, praticamente mantiveram o Instituto. Os convênios com outras instituições, como o acordo IFT-Universidade de Paris que teve continuidade em 1984, o intercâmbio entre o IFT e a Universidade de Ciências da Lituânia, tendo ido para lá o professor Castilho e vindo para o Instituto, o prof. V. Vanagas, através do acordo Brasil-URSS, o acordo IFT-UNAM (México), e iniciou-se a preparação de um intercâmbio entre o IFT-South Ilinois University, Carbondale, Ilinóis, EUA; estes convênios tiveram apoio da FAPESP e CNPq. A biblioteca do IFT também recebeu recursos do CNPq.

Foram desenvolvidos trabalhos de pesquisa em conjunto com o IFUSP, UFRJ e o CPBF do Rio de Janeiro. Prosseguiram os seminários ministrados por professores estrangeiros e brasileiros no IFT, assim como os pesquisadores participaram de vários congressos nesse ano.

Figura 3: Pessoal do IFT: Secr. Wilson Soares, Geraldo Severo de Souza Ávila, Hélio Fagundes, Nelson Martins, Paulo Leal Ferreira, Luiz Carlos Gomes, Eng. José Hugo Leal Ferreira, Lêda, Prof. José Reis, Sra. Célia, Gal. Ferlich, Viktor Wajntal, Jorge L. Ferreira, Diógenes Oliveira e Cláudio Leal Ferreira (á frente). Foto de 1961.

Figura 4: Foto de 1970: Profs. Giovanni Costa, Paulo Leal Ferreira, Jorge Leal Ferreira e José Antônio Castilho Alcarás.

A FAPESP não conseguia receber os 0,5% da receita estadual, os institutos de pesquisa dela dependentes passaram por momentos difíceis, a situação foi resolvida não sem muita mobilização, assim um esforço concentrado de professores da USP, SBPC e deputados preocupados com esse problema, obtiveram em dezembro de 1989, a aprovação da *"Emenda Leça"* que destinava à FAPESP, 1% da receita orçamentária do Estado, o que, sem dúvida, foi uma conquista marcante da comunidade científica paulista, afinal muitos institutos como o IFT dependiam dos recursos da FAPESP.

A FAPESP destinou recursos para a biblioteca do IFT, por exemplo para a assinatura de 12 periódicos e 77 revistas em 1984, assim como para os convênios já mencionados e também concedeu bolsas de estudo para os alunos nos cursos de pós-graduação. Para se ter uma idéia em 1986, o IFT tinha 20 alunos de mestrado e 10 de doutorado com bolsas distribuídas pela FAPESP, CNPq e CAPES. Um importante auxílio da FAPESP, foi o empréstimo feito 1986 ao IFT, quando este atravessava dificuldades devido ao atraso da verba do convênio com a FINEP.

O IFT nesse período recebeu verbas da CAPES não só para as bolsas de pós-graduação, mas também para os convênios como: entre IFT-Paris e o Brasil-México-Argentina .

A Financiadora de Estudos e Projetos, foi o órgão que mais repasses de verbas fez ao IFT na década de 80 através de convênios bianuais, contudo, esses repasses a partir de 1983, foram condicionados à apresentação das formas pelas quais a Fundação IFT estava procurando tornar seu patrimônio rentável a fim de gerir recursos próprios. No final da década a FINEP reduziu fortemente as verbas para a Fundação IFT.

Essas dotações conseguidas tanto dos órgãos de fomento e principalmente as subvenções, o IFT conseguia, mas não sem muita luta nos bastidores da Câmara dos Deputados, dos Ministérios e até na Presidência da República. Os contatos que membros do Conselho da Fundação IFT (vários deles tiveram vinculações com esses órgãos e conheciam bem os trâmites burocráticos dos convênios) mantinham com essas autoridades auxiliaram o Instituto a receber essas verbas e mesmo assim elas eram proteladas ou chegavam reduzidas.

## 5.2 As atividades no interior do IFT e as mudanças no Conselho

As atividades dos cientistas do Instituto em 1981 estavam bem estruturadas, tanto que, apesar do prof. Paulo Leal Ferreira ter se afastado da função de

Diretor Científico por um período de três meses, o seu substituto, o professor Valdir Casaca Aguilera-Navarro, deu continuidade.

O IFT, também, participou do *3º Encontro Brasileiro de Física de Partículas Elementares e Teoria de Campos*, em Cambuquira, Minas Gerais; do Colóquio Franco-Brasileiro de Transição de Fases e Fenômenos Críticos, realizado no CBPF do Rio de Janeiro; da *1ª Escola de Verão de Física Teórica Jorge André Swiecca*, na USP; da *IV Reunião de Trabalho sobre Física Nuclear no Brasil*, Cambuquira, Minas Gerais; do *Many-body International Comference*, em Oaxtepec, México, do *V Latin American Workshop on Self Consistent Theories of Condensed Matter*, na UNAM, México. As conversações para se estabelecer um convênio do IFT e a Universidade de Paris VII através da CAPES-COFECUB prosseguiam, com previsão de início para 1983.

Em 1982, o Conselho da Fundação escolheu para Diretor Científico, o professor Abraham Hirsz Zimerman, passando o professor Valdir Aguilera-Navarro a Conselheiro da Fundação, no entanto acabou deixando este cargo nesse mesmo ano, outro que saiu do Conselho da Fundação foi o professor José Goldemberg, seus lugares foram ocupados pelos professores Oscar Sala e Giorgio Moscati. O Instituto fazia 30 anos de existência, em homenagem singela, a biblioteca do IFT recebeu o nome do engo. José Hugo Leal Ferreira, primeiro presidente da Fundação IFT. O professor José Reis em artigo na revista Anhembi, cujo titulo é *"30 anos de Física Teórica"* faz uma retrospectiva do IFT até 1982.

O professor Paulo Leal Ferreira participou da *Conferência Internacional de História da Física de Partículas* e da *Conferência Internacional de Física de Altas Energias*, ambas em Paris. O professor Ronald C. Shellard, além dessa última, também participou da *École d'Éte de Physique Theorique de Lês Houches*, dos workshops *Supersymmetry versus Experiment*, Genebra, Suíça, do Simpósio de Física Teórica realizado no Rio de Janeiro, e do workshop de *Cosmologia e Partículas Elementares*. O IFT também nesse ano participou da *V Reunião de Trabalho sobre Física Nuclear* em Itatiaia, Rio de Janeiro, da *III Escola de Cosmologia e Gravitação*, no CBPF do Rio de Janeiro.

O intercâmbio entre Brasil-México-Argentina estava sendo realizado de forma constante e profícua, a ponto de alguns elementos do grupo terem sido indicados candidatos ao prêmio Bernardo Houssay, oferecido pela OEA.

Através de convênio, a FINEP fez repasses que permitiu ao IFT apenas a sua subsistência, foram cortadas promoções, contratações e despesas em outras áreas da Instituição. As parcelas trimestrais da FINEP eram liberadas sempre condicionadas à apresentação de relatórios sobre os esforços feitos quanto à questão da rentabilidade do patrimônio da instituição.

Embora tenham sido convidados para reuniões e congressos no exterior, os pesquisadores do IFT não puderam participar devido à falta de recursos financeiros. Contudo, participaram do I *V Encontro Nacional de Física de Partículas e Campos*, em Itatiaia, Rio de Janeiro e da *Reunião de Física do Estado Sólido* em São Lourenço, Minas Gerais.

O anfiteatro do IFT, em 1983, recebeu o nome de *"Prof. Diógenes Rodrigues de Oliveira"*, em homenagem a esse professor pelo muito que contribuiu com o Instituto.

Nesse ano deixa o quadro de conselheiros, o Dr. Lauro Cruz, *"um deputado batalhador em prol do IFT"*, ocupou o seu lugar o professor Henrique Fleming do Instituto de Física da USP, que já fora conselheiro do IFT em anos anteriores.

Em 1985, foram aprovados os novos estatutos da Fundação do IFT; em síntese os estatutos foram aperfeiçoados mas não sofreram mudanças nas bases norteadoras dos objetivos da instituição, estabelecidas pelo estatuto anterior, que fora criada nos termos da Lei Estadual, nº 782 de 29 de agosto de 1950. Uma das mudanças foi no prazo de duração da Fundação que passou a ser indeterminado, antes era de 75 anos. Outra diz respeito a eleição do presidente, que passa a ser eleito pelo Conselho através de voto secreto, com mandato de três anos e que o Conselho deve ser composto do presidente e mais 9 membros titulares e 3 suplentes, todos eleitos por um mandato de 3 anos, antes não havia sido estipulado prazo para o mandato de presidente e nem eram escolhidos necessariamente membros do corpo docente.

Em 1985, foram assinados dois convênios com a FINEP, tendo havido, contudo, cortes em relação ao que foi solicitado pelo Instituto. Os salários dos professores, atrasaram por vários meses e estavam defasados em relação à média das instituições. O Instituto começou a dar cursos de férias, em nível de iniciação: *Linguagem BASIC* e *Introdução à Cosmologia*. Os intercâmbios com outras instituições e a participação em congressos prosseguiram, porém, com restrições, devido à escassez de recursos.

Foi firmado em 1986 um convênio com a FINEP por dois anos, esses recursos permitiram melhoria no salários dos professores e atenderam as necessidades da biblioteca. A compra de material permanente foi feita com recursos da CAPES e o atraso da verba proveniente da FINEP foi coberto com um empréstimo feito pela FAPESP. O fato mais marcante foi o convênio entre o IFT e a UNESP, pelo qual o Instituto se predispõe a prestar serviços à UNESP no biênio 1986-1987, com um repasse de recursos da Universidade de 1.200.000,00 cruzeiros para 1986, e de igual valor corrigido para 1987, isto possibilitou ao Instituto a contratação de três pesquisadores e a realização de três cursos de férias, no mês de fevereiro.

O terreno de Vila Dalva conseguido no governo Laudo Natel na década anterior, apesar de alguns professores chegarem a comprar lotes nas proximidades do terreno, acreditando na possibilidade do IFT nele se instalar, quem acabou instalando-se, conforme já mencionamos foi uma favela o que inviabilizou a sua posse e benfeitorias, a Fundação só foi resolvê-lo em 1990, com a devolução deste à prefeitura: *"A Procuradoria do Estado aceitou a idéia de devolução do mesmo"*, o acordo final foi assinado em 1991.

O Instituto neste período além dos estudantes de iniciação científica (em 1986 oscilaram de 7 a 12 alunos) e dos de pós-graduação vindos de outros centros manteve alunos de pós-graduação que foram aumentando no período.

## 6   O patrimônio da Fundação e a incorporação pela UNESP

No IFT a Comissão que tentou a cessão de um terreno em caráter de comodato em 1980 no terreno do Instituto de Física da USP não conseguiu êxito: *"Quanto a cessão de um terreno em comodato, pelo IFUSP para a construção da nova sede do IFT, teve um desfecho negativo"*. Enquanto procurava local para o Instituto se instalar a Fundação incumbiu o professor Jorge Leal Ferreira de vender e procurar formas de auferir renda de seu patrimônio, a fim de que a Fundação pudesse resolver os problemas financeiros: Na Ata da Fundação cita que *"(...) foi o professor Jorge Leal Ferreira incumbido para efetuar a venda do aludido terreno, incluindo-se todas as medidas necessárias para a efetivação da transação e realização da rentabilização do patrimônio, medida essencial para a manutenção dos objetivos do IFT e de sua sobrevivência"* Pensou-se em 1981, na possibilidade do IFT associar-se com a Universidade de São Carlos, o responsável para dar início às negociações foi o Conselheiro Lauro Cruz, ficando o Instituto de lhe passar por escrito a forma como deveria ser essa associação.

A FINEP pressionava o Instituto para que auferisse renda de seu patrimônio, na Ata da Fundação consta que: *"A FINEP informou que para o ano de 1983, a liberação de recursos ficarão condicionados à apresentação de esquemas pelo qual os bens patrimoniais da instituição sejam utilizados como instrumentos de geração de recursos próprios"*. A justificativa da FINEP na pessoa de seu

Diretor Arlindo Almeida Rocha, é que desde 1973 esta vinha contribuindo com 83% do orçamento da Fundação e que nos últimos anos vinha insistindo para que o IFT aumentasse sua contrapartida de recursos, tornando rentável seu valioso patrimônio, situado em local altamente valorizado.

Diante da pressão da FINEP, cogitou novamente o Instituto de encontrar uma área para construir sua sede na Cidade Universitária: *"Fica encarregado o Conselheiro Giorgio Moscati , de manter contato com a FUNDUSP afim de informar sobre áreas disponíveis, não devendo ser próximas dos Institutos de Física e Matemática ou Geociências"* Esses Institutos alegavam que pretendiam no futuro utilizar seus terrenos para a ampliação de suas atividades, a idéia de ir para São Carlos sofreu resistência tanto dentro do Conselho como entre os pesquisadores do Instituto, os ifteanos preconizavam a construção da sede do IFT na Cidade Universitária como sendo o de maior interesse da Instituição. Uma Comissão do IFT elaborou um memorial ao reitor Antonio Hélio Guerra da USP, solicitando uma área de seis a dez mil metros quadrados com a cessão em comodato por prazo não inferior a trinta anos renováveis.

Enquanto procurava por local para instalar sua nova sede, o IFT publicou em edital no Diário Oficial a autorização para a venda de seu terreno na Pamplona. Na ocasião o juiz da Quinta Vara da Capital estipulou o preço de 477.329,25 (ORTN), valor este na avaliação do Conselho apreciável , mas os mesmos viam dificuldades em vendê-lo, dada a situação que o país se encontrava, pois o montante era considerado uma aplicação alta para as empresas interessadas. Em 1984, continuaram as pressões da FINEP através de documento enviado ao IFT, esclarecendo que só liberaria recursos a partir julho mediante a apresentação de relatórios sobre os esforços feitos quanto a questão da rentabilidade do patrimônio da Fundação.

Devido à demora na resposta da USP, o Instituto entrou em contato com a UNICAMP, segundo os Conselheiros da Fundação: *" Devido as grandes delongas da USP na cessão, em contrato de comodato, de terreno para as finalidades mencionadas, houve-se por bem que o Sr. vice-presidente entrasse em contato com o Magnífico Reitor da UNICAMP ".*

Os pesquisadores do IFT e funcionários sentiam que a situação estava ficando cada vez mais difícil, a tal ponto que os docentes escrevem ao Conselho da Fundação, carta na qual referem-se sobre a falta de recursos existente no Instituto e do perigo de colapso que o Instituto corria a curtíssimo prazo e o prejuízo que causaria ao patrimônio cultural de São Paulo e do Brasil e solicitam aos conselheiros que encontrem uma solução urgente, para salvar o Instituto.

Em 14 de maio de 1985, o Conselho Universitário da USP decidiu-se por ceder um terreno de 5.000 m² próximo ao Instituto de Física, o IFT então decidiu contatar a Secretaria de Comércio Ciência e Tecnologia com vistas a obtenção de fundos para a construção da nova sede nesse terreno.

Na reunião do Conselho em junho de 1985, o professor Paulo Leal Ferreira fez um relato de como fora contatado pelo professor Elly Silva, da UNESP e da possibilidade de um convênio para a prestação de serviço entre aquela Universidade e o Instituto.

Vários depoentes comentaram sobre as negociações com a UNESP, o prof. Diógenes Galetti nos deu o seguinte depoimento: *"Vou comentar a história do período da incorporação. Houve um período que a Fundação começou a ser estrangulada com a crise brasileira de 1982, o IFT estava em situação de fechar de imediato, a FINEP não tinha condições de pagar as despesas. Começou-se a fazer contatos com outras instituições. Uma das vezes que participei, foi com a Fundação São Carlos, porque no Conselho Curador da Fundação estava o professor Lauro Cruz e ele era chanceler da Universidade de São Carlos. Os contatos avançaram até certo ponto, até o ponto em que o professor Lauro se entusiasmou e a negociação morreu com total desestimulo do Conselho Curador do IFT. Em seguida foi feito contato com a UNICAMP, o reitor era o professor José Aristodemo Pinotti, ele se dispôs a receber o IFT, cederia uma área, só faltou acertar o convênio para a construção de uma sede, de novo isto foi para o Conselho Curador do IFT e foi recusado; os membros do Conselho Curador eram o Oscar Sala, Moscatti, Chaim, Paulo, acho que o Aldrovandi fazia parte, diria que o Conselho Curador senão induziu, pelo menos desestimulou fortemente a decisão do IFT. Nesse meio tempo ocorreu uma situação extremamente singular que favoreceu a negociação com a UNESP que é a seguinte: estava em Rio Claro Elly Silva, que é professor de Física Nuclear, aposentado da USP, hoje está no CBPF; no mesmo local estavam Alfredo Noronha Galeão, Oscar Eboli, outro rapaz que está em São Carlos é o Lima, que também é de São Carlos. Eram pessoas que estavam tentando se fixar como um grupo novo em São Carlos; o Elly Silva era o mais velho e estava sabendo que o IFT estava numa situação muito difícil, ele fora colega do Zimerman na USP, e conhecia também o Bund daqui do IFT. Então ele se dispôs e veio conversar com o pessoal do IFT. O Salomão que havia sido aluno dele, disse que ele queria conversar com o IFT a respeito da possibilidade de um acerto para o IFT. Veio e conversou com Bund, Paulo, Zimerman e pediu autorização para levar o problema para dentro da UNESP. Autorizado pelo professor Paulo, ele foi falar com o reitor que na ocasião era o professor Jorge Nagle, que tinha relações com a FAPESP. Esta tinha sido consultada em certa ocasião num investimento conjunto aqui no terreno do IFT, e ele sabia que o IFT tinha qualidade como Instituição Científica, era séria. Nagle, posteriormente confessou que consultou Oscar Sala sobre dar apoio ao IFT, e este só fez elogios ao IFT, então Nagle abriu conversa de forma marcante, o Elly Silva contou isto nos 70 anos do Zimerman. Palavras do Nagle para o pessoal da UNESP: ' temos que socorrer o IFT, não interessa como, temos que descobrir um jeito de socorrer, a partir de agora nós vamos amparar o Instituto', isto foi por volta de 1986, então começaram as negociações com a reitoria da UNESP através do Jorge Nagle e do professor Paulo Barbosa Landin que era vice-reitor na ocasião e começaram as passagens.(...)".*

Nesse período, a FINEP fazia cortes e pressão crescente para que o Instituto resolvesse o seu problema patrimonial, o que gerava dificuldades para a Fundação cumprir seus compromissos financeiros.

A pedido do IFT a UNESP enviou material detalhando sobre os dois tipos de integração que seriam compatíveis com seus estatutos. O Instituto após longas discussões com os ifteanos, acabou por optar por *"Outras Unidades"* de forma que seu crescimento fosse garantido para chegar a um quadro de 30 doutores em 5 anos e com a incorporação de novas áreas (Ciências da Computação, Matemática Aplicada, etc.), apesar de saber que teria menos peso político por esse modelo de incorporação, pois não teria direito de representação no Conselho da UNESP, entendeu os conselheiros ser esta a melhor opção. Foi deliberado em reunião do Conselho, que: *"a Fundação faria novas modificações em seus estatutos para manter-se como pessoa jurídica independente, e que a mesma colocaria a sua biblioteca a disposição da UNESP, mediante acordo, e por um período inicial, as suas dependências para funcionamento do Instituto".*

Para tornar seu patrimônio rentável, além da FAPESP, cogitou a Fundação IFT, de procurar outros órgãos públicos, em reunião do Conselho o professor José Pelúcio Ferreira sugeriu que o IFT estudasse a possibilidade de se tornar um laboratório associado ao CNPq. Em 23 de abril de 1987, na Reunião do Conselho Diretor da Fundação, discutiu-se inicialmente uma proposta de uma companhia imobiliária que pretendia construir prédios no terreno sede do Instituto, a Fundação receberia um terço do conjunto construído como pagamento do terreno.

Nessa mesma reunião o Conselho discutiu as alterações em seus estatutos de modo a se adequar aos da UNESP. Uma cláusula interessante que foi modificada está no seu artigo 19, este determina que em caso de extinção da Fundação seu patrimônio líquido reverterá à UNESP. A seguir o Conselho

Diretor aprovou a seguinte minuta:

*"Convênio que entre si celebram a Fundação Instituto de Física Teórica e a Universidade Estadual Paulista 'Júlio de Mesquita Filho', para o fim que nele se declara. Aos (...) dias do mês de (...) do ano de 1987, de um lado a Fundação IFT, entidade de direito privado instituído pelo Governo do Estado de São Paulo pela lei nº 782, de 29 de agosto de 1950, com sede à rua Pamplona, 145, São Paulo, Capital, doravante designada Fundação, neste ato representada pelo seu presidente professor Chaim Samuel Hönig; e de outro lado a Universidade Estadual Paulista 'Júlio de Mesquita Filho', autarquia de regime especial criada pelo Governo do Estado de São Paulo pela lei nº 952, de 30 de janeiro de 1976, com sede na Praça da Sé, nº 108, São Paulo, Capital, doravante determinada UNESP, neste ato representada por seu Reitor professor Jorge Nagle, considerando o deliberado pelo Conselho Curador da Fundação em sessão ordinária de (...) de (...) de 1987, bem como o deliberado pelo Conselho Universitário da UNESP em sessão de (...) de (...) de 1986, ambas as deliberações no sentido de incorporar à UNESP o Instituto de Física Teórica, até então mantido pela Fundação, resolveu celebrar este Convênio mediante as seguintes cláusulas e condições: Cláusula Primeira - Dos objetivos. Este convênio tem por objetivo o desenvolvimento do ensino, da pesquisa e da formação de recursos humanos na área de Física Teórica e Ciências afins. Cláusula Segunda - Das obrigações das Partes. Para a consecução do objetivo deste convênio, caberá: I- À Fundação: 1º) Permitir que o IFT, agora incorporado à UNESP como Outra Unidade, nos termos do disposto do artigo 7º do Decreto nº 9449, de 26 de janeiro de 1977 (Estatuto da UNESP) continue usando, a titulo gratuito e sem quaisquer responsabilidade relativas a taxas, impostos e assemelhados, que venham a recair sobre o patrimônio da Fundação, suas instalações, inclusive bens móveis e imóveis , biblioteca e outras facilidades; 2º) Responsabilizar-se pela manutenção do acervo bibliográfico da Fundação, bem como pela sua permanente atualização; 3º) Dedicar parte de seus recursos ao IFT da UNESP, bem como a outras instituições da Universidade dedicadas ao ensino da Física e áreas correlatas; 4º) Auxiliar a execução de projetos, de interesse do IFT da UNESP, envolvendo, inclusive, recursos de agências financiadoras externas; 5º) Assegurar a representatividade do corpo docente do IFT da UNESP no Conselho Curador e no Conselho Científico da Fundação. II- À UNESP: 1º) Garantir, no interesse comum da Fundação e da Universidade, o aprimoramento do ensino e da pesquisa nas Ciências Físicas e correlatas, por parte do IFT da UNESP, através de progressiva consolidação e expansão deste último; 2º) Enviar à Fundação, anualmente, relatório das atividades de ensino e de pesquisa desen-*

*volvidas pelo IFT. Cláusula Terceira - Do Prazo de Vigência - Este convênio vigorará pelo prazo de dez (10) anos, considerando-se automaticamente prorrogado por iguais períodos, ratificadas todas as suas cláusulas, caso não haja manifestação das partes quanto à sua denúncia, com antecedência mínima de quatro(4) anos e, mesmo assim, respeitados os cursos e trabalhos em andamento no IFT da UNESP. Cláusula Quarta - Das alterações. As partes convenientes poderão a qualquer tempo, alterar este convênio, suas cláusulas e condições, desde que o façam de comum acordo e mediante termo aditivo devidamente formalizado. Cláusula Quinta - Do Foro - Fica eleito o foro da Comarca de São Paulo, com prejuízo de qualquer outro, por mais privilegiado que seja, para dirimir as dúvidas oriundas deste convênio. Cláusula Sexta - Das Disposições Transitórias. 1ª) Os atuais alunos do IFT que ingressaram durante sua vinculação com a Fundação, terão seus diplomas e certificados outorgados por esta, na conformidade de suas normas; 2ª) A Fundação e a UNESP disporão do prazo de três meses, a contar da data da assinatura deste convênio, para a consecução das providências necessárias à perfeita execução deste convênio. E por estarem de pleno acordo com as cláusulas ajustadas neste convênio, as partes o firmam em três(3)vias de igual teor e forma, perante as testemunhas abaixo identificadas. São Paulo,(...) de (...) de 1987".*

## 7    O Congresso de Estudantes de Física Teórica

Neste ano de 2002, o Congresso dos Estudantes, faz as suas bodas de prata, o objetivo do Congresso é de oferecer condições aos estudantes de apresentarem seus trabalhos de pesquisa e de promover um intercâmbio com outros estudantes de outros centros.

Visando sempre melhorar sua qualidade, o Congresso tradicionalmente convida pesquisadores de renome no cenário científico para proferirem conferências sobre temas relevantes e de interesse da comunidade científica, além das importantes comunicações selecionadas feitas pelos estudantes, que dão um brilhantismo todo especial ao Congresso.

### 7.1    Gênese e importância do Congresso Estudantil

Após a criação da Fundação do IFT em 1950, o Instituto inicia suas atividades científicas em 14 de junho de 1952, fazendo pesquisas na área de Física Teórica, nas décadas seguintes seus pesquisadores orientam alunos de mestrado e doutorado de outras instituições.

O ano de 1971 é marcante para o IFT pois inicia-se os cursos de pós-graduação e começam os trabalhos de pesquisa com os estudantes de pós-graduação.

Os primeiros estudantes são Ronald Cintra Shellard, Oynarte Portilho, Roberto Yamaoka, Sergio de Godoy Andrada e Bruto Max Pimentel Escobar, segundo depoimento do prof. Pimentel eles normalmente se reuniam para lanchar e aí discutiam assuntos de Física, até que decidiram organizar os colóquios estudantis, sendo este realizado semanalmente. A partir daí os estudantes começam a se reunir, até que o prof. Valdir C. Aguilera-Navarro, na época membro da Comissão de pós-graduação propõe a criação do Congresso Estudantil, como uma forma dos estudantes se exercitarem na participação de posteriores eventos científicos. Sobre esse evento escreveu o professor Valdir, *"é altamente benéfico, tanto do ponto de vista da formação do estudante como da informação diversificada que o evento passa a ter. (...) Apenas quero salientar que o trabalho que vocês vêm desenvolvendo ao longo de tantos anos deve continuar com determinação, mesmo que de poucos, daqueles que se dispõem a trabalhar com perseverança ... parabéns para todos os estudantes que tem trabalhado na realização de tantos congressos"*.

O prof. Paulo Leal Ferreira, na época Diretor Científico, sobre o evento deu o seguinte depoimento: *"O Congresso dos estudantes começou em março de 1977, foi uma idéia à qual dei muito apoio na época. O professor Valdir Casaca Aguilera-Navarro foi quem teve essa idéia, que eu achei extraordinária e sempre dei um apoio muito grande a ela, porque foi uma maneira dos estudantes se reunirem e, eles próprios organizarem o Congresso. E sobretudo pelo seguinte: não se limitou só aos estudantes do IFT, porque ai os próprios estudantes começaram a convidar estudantes de outras organizações"*.

O " I Congresso de Estudantes de Física Teórica do IFT " foi realizado em 9 de março de 1977. Este Congresso foi organizado pelo estudante Ney Rodrigues e pelos professores Ruben Aldrovandi, Valdir C. Aguilera-Navarro, Wilhelm Bund e pelo professor argentino, Carlos Roberto Garibotti. As conferências desse Congresso foram dadas pelos professores: Paulo Leal Ferreira, Ruben Aldrovandi, Gerhard Wilhelm Bund e Carlos Roberto Garibotti.

Os primeiros " *Congressinhos*" como era no início conhecido foram realizados por professores e estudantes. Motivados pelos pesquisadores do IFT e pelo Diretor Científico, ano a ano ele vai sendo organizado por um número maior de estudantes, e a partir de 1982 é realizado totalmente pelos alunos do Instituto. Inicialmente, o evento foi financiado pelo Instituto, a partir de 1985, ele começa a receber verbas de órgãos como a CAPES e de outras empresas, nos anos seguintes. Sem regras fixas, *"O Congressinho"* objetiva também exercitar os estudantes para os congressos oficiais; neles os alunos, que podem ser de outras instituições, inclusive de outros estados, participam com as comunicações orais e conferências. Professores do IFT e de outras instituições também participam com conferências, a cada ano que passa, o nível vem se elevando.

No ano de 1981, o Instituto enfrentava dificuldades em receber verbas dos órgãos de fomento para se auto manter e isto foi uma das principais razões de não ter sido realizado o Congresso dos Estudantes nesse ano.

A partir de 1994, o "Congressinho" passou a chamar-se *"CONGRESSO PAULO LEAL FERREIRA DE FÍSICA TEÓRICA"*.

No encerramento do *"Congressinho"* apresentaram-se grupos musicais: como Recital de Cítara, em 1987, Coral da Aliança Francesa, em 1988, Jazz Band, em 1993 e a partir de 1997 a Orquestra de Câmara da UNESP. Estão de parabéns todos os estudantes que ao longo de todos esses anos vem realizando esse evento de alta relevância concretizando o ideal de seus fundadores em fazer do IFT um Centro de Pesquisas de altíssimo nível.

# A formação do pesquisador

V. C. Aguilera-Navarro
Departamento de Física - UNICENTRO
85010-990 Guarapuava, PR
aguilera@unicentro.br

## 1 Introdução

Neste despretensioso trabalho, preocupamo-nos apenas em alinhavar alguns aspectos da formação de um pesquisador com base nas nossas observações, análises e experiência acumulada ao longo de pouco mais de três décadas.

Não é um trabalho organizado, no sentido de ter um começo ou um fim. Tampouco pode-se pensá-lo como proposta de um roteiro que pudesse nortear tanto um orientador como um orientando. É, antes de tudo, uma breve, brevíssima, apresentação de tópicos relacionados com a formação de um pesquisador e que pertencem a domínios da educação, da filosofia e da psicologia, com a intenção de explicitar alguns aspectos e ângulos que muitas vezes passam despercebidos mas que estão presentes, consciente ou inconscientemente, em maior ou menor grau, na nossa postura perante a pesquisa e na nossa atitude perante a sociedade.

Dividimos o trabalho de forma a discutir a matéria dos pontos de vista técnico, formal, filosófico e psicológico. Esta divisão arbitrária tem por objetivo apenas organizar a apresentação da matéria. Esses aspectos não devem ser pensados como estanques, engessadores. Cada um deles se sobrepõe na área de definição de um ou de outro. Não há, portanto, uma linha divisória mostrando limites bem definidos entre eles.

Alguns dos enfoques que apresentamos abordam atitudes mais apropriadas ao trabalho de pesquisa em Física Teórica; outros têm a ver, também, com a postura do físico experimental. O texto e a situação deixarão claro quando o assunto é pertinente a um ou outro tipo de pesquisador.

## 2  Aspectos técnicos

O aspecto técnico é, talvez, o mais trivial e óbvio, mas não o menos importante. Consiste no desenvolvimento de ferramentas apropriadas que vão tornar mais eficiente o trabalho de pesquisa. No caso da Física Teórica, um ferramental indispensável é o conhecimento de diversos ramos da matemática e a habilidade em manejá-los, principalmente aqueles que estiverem diretamente ligado com o assunto que se quer entender.

Não é possível tratar da maioria dos temas ligados com a Teoria da Gravitação, de Einstein, sem fazer uso dos recursos oferecidos pela Teoria dos Tensores. Como lidar com a Teoria das Partículas Elementares sem um conhecimento razoável da Teoria da Representação de Grupos Unitários? E o que dizer da destreza em modelagens, tão necessárias como comuns nas simulações da Física Computacional?

O domínio da matemática não é apenas indispensável como é um instrumento que requer constante refinamento, uma vez que os progressos nessa área são extraordinariamente dinâmicos.

Outro aspecto de caráter técnico que não pode ser esquecido tem a ver com a seguinte realidade.

Todo trabalho de pesquisa, seja de um teórico seja de um experimental, pressupõe alcançar algum resultado e divulgá-lo. A divulgação é uma obrigação social. O pesquisador deve estar adequadamente preparado para bem realizar essa tarefa de disseminação do seu trabalho. Isso requer habilidade para produzir relatórios, preparar transparências e escrever artigos. É uma capacitação que requer treino e tirocínio, principalmente se o trabalho pretende apresentar uma idéia nova que necessita ser apresentada de modo convincente.

Neste particular, é importante empregar corretamente o vocabulário apropriado para despertar as mesmas idéias em outras pessoas.

Como todo trabalho escrito, um relatório ou um artigo tem um estilo, próprio do seu autor, que é desenvolvido, inicialmente, com base no de outros autores.

## 3  Aspectos formais

O pesquisador deve estar permanentemente atento à sua formação. No sentido mais restrito, cuidar para que possa dominar com segurança a matéria que está trabalhando. A consulta permanente e o acompanhamento da literatura se impõem como práticas indispensáveis. Nesse ponto o pesquisador esbarra em problemas incontornáveis. Nos tempos modernos, em que o conhecimento se acumula assombrosamente e se revela em milhares e milhares de páginas impressas mensalmente em revistas científicas, não há como escapar às especializações que levam, inevitavelmente, à verticalidade. Ninguém pode esquecer-se, entretanto, de se munir com um certo grau de ecletismo que lhe permita uma visão pluralista da cultura humana, alargando sua compreensão do mundo.

A educação direcionada é necessária, mas precisa ser gerida e administrada sem se olvidar da cultura geral.

Um caminho para o ecletismo é procurar relacionar seus conhecimentos com os de outras áreas, e vice-versa.

A formação de um pesquisador é um processo contínuo, interminável. A ela concorre de forma ativa e eficiente a freqüência a seminários, congressos, simpósios etc.

O pesquisador experiente traz sempre consigo um bloco de notas onde faz anotações de idéias que lhe ocorrem. Estas não escolhem hora nem local, e desaparecem com a mesma rapidez com que surgem.

Aprender a formular perguntas, sem inibições sempre injustificadas, é outro ponto de valor inestimável na formação de um pesquisador.

## 4 Aspectos filosóficos

É o exercício constante da auto-crítica que aprimora o modo de pensar e de proceder de um pesquisador. Os cientistas não são imunes à sedução insinuante das teorias. A História nos mostra inúmeros exemplos de como cientistas também se curvam ao domínio impiedoso de dogmas.

As teorias são escadas que conduzem às alturas do conhecimento, mas, não se pode esquecer que seus degraus também servem para descer. Há aqueles que percebem um erro, assumem-no e descem calma e resignadamente. Mas, há aqueles cuja volta é feita desastrosamente, muitas vezes traduzida numa feia e humilhante queda.

Do ponto de vista ético, o pesquisador deve estar preparado para responder à seguinte pergunta: "Sabendo que o resultado de suas pesquisas pode servir à indústria bélica, deve ele divulgar seus resultados?" A ciência é amoral, assim como as leis da natureza. Humanamente, é possível que o cientista também o seja? Além disso, como fator complicador nesta questão, há a responsabilidade social de o pesquisador não guardar para si os conhecimentos gerados pelas suas pesquisas.

"... as leis físicas são imutáveis. O mesmo vale para certos valores nossos, como liberdade e dignidade individual. Essas são leis também imutáveis e universais como as da física", diz Andrei Sakharov [1].

"Eu acredito que a beleza da ciência não deve conhecer limites. Não temos de nos preocupar com política, dinheiro ou mesmo questões éticas. Nosso dever como cientista é descobrir sempre mais. Mas reconheço que o saber sem moral é incompleto, assim como moral sem conhecimento de pouco vale", diz Teller em sua autobiografia [2].

## 5 Aspectos psicológicos

Nota-se no pesquisador descomprometido que ele desenvolveu uma forma independente de pensar. Seu pensamento é crítico e objetivo, sabe identificar fatores estranhos que possam estar influenciando seu trabalho, mas sabe valorizar o "mistério", essa fonte inesgotável que alimenta a imaginação. Neste particular, diz Einstein que "a imaginação é mais importante do que o conhecimento" [3].

A imaginação pode ser a chave para abrir a porta da intuição.

Gostaria de me estender um pouco mais sobre o conceito de intuição, por ser ela uma faculdade mal compreendida, apesar de desempenhar um papel importante na vida de todos nós. Estamos cientes de que caminharemos em terreno minado, pois a intuição, infelizmente, ainda é confundida com assuntos místicos.

Inicialmente, não é raro confundir-se a intuição com a coisa intuída. É como confundir o meio de transporte com o objeto transportado. A intuição é uma sensibilidade interna, uma faculdade do espírito através da qual este pode captar idéias que vêm de fora. Como esse mecanismo se processa não é assunto de nossa palestra, pois é matéria ensinada nos cursos modernos de psicologia.

Valorizar a intuição e usá-la permite que esse sentido se aperfeiçoe e se torne mais aguçado.

De acordo com a psicóloga norte-americana Sharon Franquemont (Universidade John F. Kennedy), "todo mundo já experimentou em algum momento da vida a intuição. Ela pode manifestar-se sob a forma de uma voz interna, um ato instintivo, um repente de criatividade ou flashes de imagens, que surgem na mente como se estivessem em uma tela de TV".[4]

A intuição é desvinculada da razão. Por meio dela "sabemos" o que devemos fazer, sem basear-nos nos recursos da lógica.

Ainda de acordo com aquela psicóloga, a intuição vai ser fundamental no século que se inicia; será uma forma nova de inteligência emocional.

Einstein diz que não fez experiências empíricas ou analíticas para criar a teoria da relatividade, que ela lhe veio por intuição. Em suas própria palavras: "Não existe nenhum caminho lógico para o descobrimento dessas leis elementares; o único caminho é o da intuição" (there is only the way of intuition) [5]

## 6 Aspectos gerais

O pesquisador se caracteriza pela sua persistência, determinação e, por que não, teimosia com que procura solução para o problema que enfrenta.

## 7 Conclusão

O pesquisador deve ter sempre em mente que "a ciência é uma visão do mundo através da experiência, observação e evidência para entendê-lo" [6]. Para reforçar e aprimorar essa visão, deve estar bem preparado, deve saber utilizar a instrumentação necessária para o bom desenvolvimento do seu trabalho, e essa instrumentação consta de observação, controle, medição, registro, análise, interpretação e disseminação.

## Agradecimentos

Queremos dedicar este trabalho ao colega e amigo Paulo Leal Ferreira, que orientou nossos primeiros passos de neófito em busca de um caminho. Com ele tivemos a honra de colaborar em diversos trabalhos e, juntamente com outros colegas, enfrentar e vencer dificuldades pelas quais o IFT passou em passado não muito distante.

Agradecemos à Comissão Organizadora do XXV Congresso Paulo Leal Ferreira pelo convite e pela oportunidade que nos foi oferecida para participar desse evento.

# Referências

[1] Sakharov: A Biography, Richard Lourie, Press of New England: 2002, *apud* Pesquisa (FAPESP) 79 (2002), página 88.

[2] Memoirs: A Twentieth-Century Journey in Science and Politics, Edward Teller and Judith Schoolery, Perseus: 2001, *apud* Pesquisa (FAPESP) 79 2002), página 86.

[3] Manville Avalon, org., *Einstein por ele mesmo*, Martin Claret: São Paulo, s.d., p. 40.

[4] Entrevista publicada na revista Veja, Abril de 2002.

[5] Huberto Rohden, *Einstein e a intuição cósmica*, in Ref. [3], p. 144.

[6] Rush Holt, The Physics Teacher, 40 (2002) 134.

# A Ciência e o Setor Produtivo se Aproximam com os Programas de Inovação Tecnológica no País: Abordagem de um Exemplo de Inovação

Vladimir Jesus Trava Airoldi e Evaldo José Corat

Instituto Nacional de Pesquisas Espaciais - INPE
Centro de Tecnologias Especiais - CTE
Laboratório Associado de Sensores e Materiais - LAS
São José dos Campos - SP

**Resumo**

Uma das principais frentes de transferência de tecnologia, de alto valor agregado, que aproximam o setor acadêmico do setor produtivo, nos países desenvolvidos, são os programas de inovação tecnológica. No Brasil estes programas começam a mostrar sua força em várias áreas do conhecimento. Este trabalho pretende dar um resumo da contribuição destes programas no país, mostrando, especificamente a presença de pesquisadores, não somente em atividades no setor produtivo, mas principalmente como empreendedores. Alguns índices comparativos de produção científica e tecnológica e de efetiva transferência para a sociedade, comparando-se dados do Brasil com alguns países desenvolvidos serão mostrados. Será, também, enfatizado um exemplo de inovação tecnológica, mostrando os passos deste os trabalhos de pesquisa passando pelo desenvolvimento tecnológico, transferência de tecnologia até o escalonamento industrial, marketing e vendas de um produto final completamente inovador em diamante-CVD.

## 1 Introdução

O avanço nos estudos dos novos materiais, dentro das grandes áreas do conhecimento tem crescido de forma rápida, como uma demanda pela busca de soluções tecnológicas que possam garantir posições hegemônicas de corporações sobre corporações e, até mesmo de nações sobre nações. Os países em condições inferiores de desenvolvimento, como é o caso do Brasil, sofrem de forma desnivelada ao tentar implementar programas de custo relativamente alto, numa tentativa de recuperar espaço na pesquisa e no desenvolvimento tecnológico e desta forma manter expectativa de competição diante de uma oferta qualificada, para um público consumidor cada vez mais exigente. Logo, com os grandes programas de inovação tecnológica, que os países mais desenvolvidos vem desenhando através de ações nem sempre ostensivas, configura um quadro inovador, embora preocupante para os países em desenvolvimento, onde a busca da independência em algumas áreas consideradas estratégicas torna-se emergencial, principalmente para o Brasil. Desta forma, com a integração de forma sábia, justificada e proveitosa de toda a comunidade científica e tecnológica, pública e privada e o setor produtivo propriamente dito, é certo de que estaremos dando um grande passo. Até porque, tudo o que for inovador, colocado à disposição, pela primeira vez à sociedade, significará acima de tudo um valor agregado substancialmente maior, além de ultrapassar com mais facilidade os limites de nossas fronteiras.

Isto poderá ser alcançado, caso um bom plano estratégico possa ser elaborado a fim de garantir às áreas de concentração de esforços, um trabalho continuado de alto nível e voltado, em sua grande parte, para os interesses da sociedade. Com este primor, o Instituto Nacional de Pesquisas Espaciais - INPE vem mantendo projetos de pesquisas em materiais praticamente desde sua criação, entretanto com relativa dificuldade em integrá-lo à sociedade, embora esforços para esse fim já tenham sido feitos. Mais recentemente, em 1991, o Instituto autorizou a criação de mais um projeto em novos materiais, mais especificamente, em diamante-CVD e Materiais Relacionados, com o propósito de tomar um forte impulso, e cuja justificativa estava na oferta de assuntos fundamentais a serem explorados e principalmente, no enorme volume de aplicações possíveis, que além de apresentar perspectivas de soluções para dificuldades tecnológicas espaciais, este também, mostrou ser um projeto de grande interesse industrial.

Desta forma, é imperioso para a nossa equipe mostrar resultados e perspectivas que estejam atrelados aos programas de desenvolvimento dirigidos explicitamente para a sociedade, como os programas de incubadoras que florescem no País, como o programa de inovação Tecnológica em Pequenas Empresas - PIPE idealizado pela FAPESP, como o programa RHAE do CNPq, etc. Embora, seja acalentadoras essas iniciativas, deve-se lembrar que o Brasil, embora tenha crescido no âmbito acadêmico, além da média do crescimento da América Latina e do mundo [1], do ponto de vista de buscar sua independência em alta tecnologia, está muito aquém das necessidades requeridas para o bom desempenho de uma nação no trilho das nações desenvolvidas. A seguir dar-se-á destaque para alguns assuntos identificados como pontos importantes no processo de desenvolvimento tecnológico a partir de sua capacidade técnica e científica. Finalizando, será apresentado um exemplo de empreendedorismo com inovação tecnológica que contou com os primeiros passos de pesquisa, passando pelo processo de proteção da propriedade intelectual até o alcance da industrialização.

## 2  O Empreendedorismo

O empreendedorismo é a ação de maior importância dentro da atividade de inovação tecnológica, para que uma nação torne-se rica e/ou mantenha sua riqueza. Embora o Brasil seja considerado um país empreendedor, provavelmente um dos mais empreendedores do mundo, sua atividade empreendedora está baseada na busca de saídas para as dificuldades de sobrevivência da sociedade como um todo, enquanto que a atividade empreendedora em países desenvolvidos está fundamentada na oferta de oportunidades. É justamente nas oportunidades com inovação onde se concentram as atividades de maior valor agregado, que além de garantir maiores ganhos com o equilíbrio da razão custo/benefício para uma sociedade, permite também, ultrapassar com mais facilidades os limites de suas fronteiras.

No Brasil, assim como nos Estados Unidos da América a atividade empreendedora é responsável por quase 80% das novas empresas criadas. No Brasil, por exemplo são criadas cerca de 460.000 novas empresas por ano, sendo que cerca de 95% destas morrem antes de completar cinco anos de vida. Nos Estados Unidos, este índice é de cerca de 80%. Por exemplo, nos Estados Unidos da América, os empreendedores são peças chaves na criação de empregos e de riqueza, pois empresas pequenas de inovação tecnológica foram responsáveis por cerca de 90% dos 34 milhões de novos empregos desde 1980, responsáveis por cerca de 95% das inovações radicais desde a II Guerra Mundial e ainda responsáveis por cerca de 50% de todas as inovações tecnológicas que surgiram até o presente [2,3]. Para o Brasil ou qualquer outro país em desenvolvimento é necessário que o atual quadro se reverta em benefício dos empreendimentos pequenos, mas de inovação. Para esta mudança de quadro, é necessário que algumas barreiras sejam vencidas, conforme está mostrado na Fig. 1.

Para isso, é esperado que as atividades neste sentido, tanto privadas como, e principalmente, governamentais sejam fortalecidas com o máximo de urgência possível. Este fortalecimento tem que ser aquecido desde as escolas de segundo e terceiro grau até em especializações evidenciando os ensinamentos da importância do empreendedorismo com inovação tecnológica, criando-se uma cultura desta prática com mecanismos facilitadores desde financiamentos plenamente acessíveis até assessorias especializadas nas várias áreas do conhecimento. Desta forma, do aluno será esperado a coragem de se atirar, aprendendo a estimar o risco e a buscar o equilíbrio, empregando muita imaginação fundamentada nos conhecimentos adquiridos e a conseqüente guinada de um procurador de emprego para um gerador de empregos.

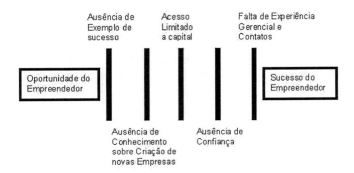

Figura 1: Barreiras encontradas por empreendedores de países em desenvolvimento.

Sabe-se que cerca de 1/3 da variação da atividade econômica de uma nação depende diretamente da atividade empreendedora [2], onde os níveis de financiamentos se encontram entre os créditos muito pequenos e os grandes créditos. Estes primeiros passos podem ser dados tanto pela iniciativa privada como pelo poder público. Lembrando que cabe ao poder público, a formulação de uma política de incentivos, co-participando em financiamentos e da escolha das prioridades tecnológicas que mais agreguem valor e estabeleçam um equilíbrio auto sustentado de pesquisa e de desenvolvimento com o setor produtivo. Neste ponto, cabe ressaltar que, juntamente com a atividade inovadora, as instituições envolvidas, quer seja das atividades de pesquisas e de desenvolvimento ou das atividades produtivas, obrigam-se a proteger a propriedade intelectual garantindo alto valor agregado por longos períodos, onde a participação das sociedades ricas na fase inicial antecipará a participação das sociedades mais pobres no processo de evolução tecnológica e desta forma diminuindo a distância entre ambas.

## 3 Evolução Científica e Tecnológica

É incontestável que houve uma evolução científica apreciável no Brasil durante toda a década passada e neste início de nova década. Houve uma melhora na estruturação das atividades científicas nas Universidades e nos Institutos de Pesquisas com programas de fomentos mais atrativos e com mais recursos financeiros, o que levou a contribuição do Brasil em publicações científicas de 31% na América Latina no início da década passada para cerca de 44% ao final da década, e de cerca de 0,44% para 1,44% no mundo neste mesmo período[1].

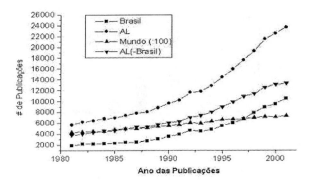

Figura 2: Evolução da produção científica de acordo com o número de artigos publicados em revistas indexadas em comparação com a América Latina e o Mundo.[ref.1].

Observe esta evolução na Fig. 2.

É importante observar que durante este período, de cerca de 10 anos, o crescimento se manteve crescente, o que nos leva a crer na possibilidade de manter essa ascensão e alcançar uma posição mais confortável nos próximos 10 anos, entretanto, aumenta a necessidade de novas estratégias de mudanças para garantir a curva crescente de nosso desempenho na área científica. Estes dados refletem, o que seria de se esperar, no volume de formação de doutores no país, que saltou de cerca de pouco mais de 1000 doutores por ano no início da década passada para mais de 5.000 doutores no ano de 2001. Embora estes números ainda são menores que os observados em países desenvolvidos, estes representam um avanço grande dentro de políticas estabelecidas em países em desenvolvimento, como por exemplo, no Chile e na Argentina formam-se cerca de 60 e 500 doutores por ano, respectivamente. Este número reflete também, a possibilidade real do Brasil buscar uma política de inovação tecnológica, rápida e eficiente, contando com uma participação forte de doutores na Indústria.

Este é o ponto chave do desenvolvimento de uma nação, ou seja, como passar para a sociedade o que se publica, na forma de inovação, que corresponderá a um tributo devido aos gastos conferidos com os programas de desenvolvimento científicos e tecnológicos, pela própria sociedade como um todo. Aqui começa a grande dificuldade dos países em desenvolvimento em estabelecer um programa consistente com as necessidades de crescimento. Um dos parâmetros de medida da eficiência de gerar bem estar com a ciência, é através da publicação de patentes de inventos e processos, protegendo a pro-

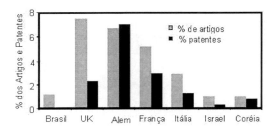

Figura 3: Comparação do número de trabalhos e patentes publicadas nos Estados Unidos da América por alguns países desenvolvidos e o Brasil.

priedade intelectual de uma nação, auferindo valor à imaginação e ao conhecimento de uma sociedade. Este tipo de publicação reflete a maturidade de uma comunidade científica e tecnológica em mostrar o quanto é importante o financiamento para estudos científicos quando a aplicação destes é bem feita, com rapidez e eficiência. Observa-se que as sociedades mais ricas são as que melhor investem e protegem sua produção intelectual, por agregar mais valor e garantir continuidade por longos períodos, das atividades científicas, em um ciclo auto-sustentado de evolução. Para efeitos comparativos, mostra-se nas Figs. 3 e 4, alguns dados que refletem a necessidade urgente de o Brasil buscar meios eficazes de patenteamento de sua produção intelectual como forma de assegurar um capital inestimável. Em primeiro lugar, observa-se como é a relação do número de publicações de algumas nações desenvolvidas comparando-as com a do Brasil e em seguida mostra-se a evolução do número de publicação e de patentes publicadas de um país que está conseguindo um desenvolvimento acelerado, que é a Coréia do Sul, com o Brasil.

Observa-se que nos países desenvolvidos o número de patentes publicadas não diferem muito do número de publicações científicas em revistas indexadas, e mesmo em alguns países, o número de patentes publicadas é ainda maior que o número de publicações científicas, como é o caso da Alemanha. E para completar, a evolução do número de patentes publicadas pela Coréia nos Estados Unidos da América refletem bem o grande desenvolvimento conquistado por este país e contribui para mostrar ao Brasil a necessidade óbvia de buscar este caminho.

Para se elaborar melhor uma estratégia de evolução, no caso específico do Brasil, deve-se considerar mais um conjunto de dados importantes que é o número total de doutores que hoje atuam nas Universidades e Institutos

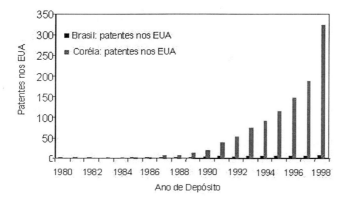

Figura 4: Evolução do número de publicações científicas e patentes do Brasil e da Coréia do Sul nos Estados Unidos da América.

de Pesquisa e que atuam dentro do setor produtivo. No Brasil, estima-se hoje cerca de 75.000 doutores nas Universidades e Institutos de Pesquisa, e no setor produtivo apenas cerca de 10.000, enquanto que nos Estados Unidos, tem-se cerca de 200.000 nas Universidades e Institutos de Pesquisas e no setor produtivo esse número chega a cerca de 900.000. E, mesmo na Correia do Sul, onde esses números são de cerca de 50.000 nas Universidades e Institutos de Pesquisa e de cerca de 75.000 no setor produtivo, mostrando que o setor produtivo é o maior centro de emprego de doutores. Observa-se portanto, para o Brasil, que a diferença é bastante grande, enquanto o número de doutores na academia por habitante é comparável ao dos Estados Unidos da América e da Coréia do Sul, o número de doutores por habitante no setor produtivo está muito abaixo. Isto mostra que existe um espaço muito grande para formação de doutores no Brasil, mas canalizando suas atribuições mais para o setor produtivo do que para as atividades acadêmicas.

Dentro deste quadro, pode-se imaginar dois programas importantes a serem mais incentivados no Brasil, como o de estimular a formação de doutores para o setor produtivo, com financiamento de bolsas dirigidas, garantindo financiamentos adequados de projetos dentro de indústrias com inovação tecnológica ou que venham a criar e, como o de estimular a aproximação de doutores ao setor produtivo, ou até mesmo estimular o fluxo de doutores da academia para o setor produtivo, e novamente com programas que garantam o trabalho científico dentro da indústria com prioridades de suas aplicações.

Cabe lembrar, que vários programas já estão em atividade, entre eles o de criação de encubadoras de empresas tecnológicas, cujo órgão responsável, a Amprotec, agrega mais de 180 encubadoras com mais de 1500 pequenas empresas que desfrutam de condições especiais para o seu desenvolvimento inicial. Cerca de 5% dos sócios fundadores destas pequenas empresas são doutores em suas respectivas áreas [4]. Também, e é muito forte, o Programa de Inovação Tecnológica em Pequenas Empresas da FAPESP (PIPE), com mais de 200 projetos financiados, onde a grande maioria são de doutores em suas respectivas áreas. E o mais importante, que se observa no PIPE, é que a participação de doutores em física é bastante expressiva, sendo o maior número relativo de doutores por área que estão se "aventurando" em empregar a imaginação e o conhecimento em inovação dirigido para a aplicação imediata. Este cenário é bastante otimista e dá credibilidade para que as agências de fomento aumentem suas participações na busca por empreendedores em alta tecnologia e, principalmente, que os primeiros exemplos sejam levantados, para que possa ser alcançado com relativa rapidez um número de exemplos necessários para se estabelecer uma cultura em nossa comunidade científica e tecnológica da necessidade de transformar a base de nossa ciência, também, em um núcleo de geração de empregos de altíssima qualidade onde o setor produtivo seja, também, um dos principais responsáveis.

A seguir será apresentado, justamente o resultado de um projeto de criação de uma pequena Empresa, que começa a brotar como um importante exemplo de inovação tecnológica, nascido de um projeto de pesquisa, cuja a aplicação da ciência foi considerada muito importante para a própria continuidade do projeto de pesquisa.

## 4  Um Exemplo de Inovação de Alto Valor Agregado

O projeto "Diamante-CVD e Materiais Relacionados" - DIMARE do Instituto Nacional de Pesquisas Espaciais em São José dos Campos - SP, criado em 1992, estabeleceu uma estratégia de pesquisa e de desenvolvimento que agregou estudos fundamentais teóricos e experimentais, mas também, criando dentro da equipe a cultura das aplicações da ciência desenvolvida, procurando buscar a médio prazo, relacionar publicações de bom nível com a extrema necessidade de publicar patentes e dar início ao mais nobre trabalho que é o de colocar à disposição da sociedade como um todo, via indústria, os frutos de nossa pesquisa, como um tributo aos gastos da população em nossos laboratórios.

Para estudos básicos, o Diamante-CVD oferece condições ímpares de estudos, pois é um material, cuja obtenção ainda não é bem intendida, e necessita

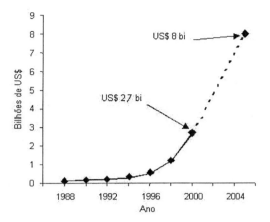

Figura 5: Evolução do mercado de Diamante-CVD no mundo.

da imaginação e da ação de cientistas da área para um melhor esclarecimento do porque de seu aparecimento em condições laboratoriais muito diferentes do esperado. Para as aplicações tecnológicas inovadoras, este material tem uma grande vantagem, apesar de sua síntese, para aplicações concretas, serem bastante complicadas, pois reúne um conjunto de propriedade físicas e químicas únicas na natureza, que podem ser assim resumidas: é o material mais duro da natureza, é auto lubrificante (equivalente ao teflon), é o material que tem o maior intervalo de transmissão óptica da natureza, tem o maior coeficiente de condutividade térmica da natureza (cerca de 4 vezes maior que o do cobre), é completamente bio-compatível, é quimicamente inerte, não sofre danos por radiações ionizantes, é o melhor meio para se propagar o som, pode ser dopado e transformar-se em semicondutor, etc.. Desta forma, é um material que pode atingir praticamente todas as áreas do conhecimento com aplicações. O presente trabalho não visa mostrar todos os benefícios e resultados alcançados com os estudos em diamante-CVD, e sim de mostrar alguns dados relevantes que mostram a evolução dos estudos básicos até as aplicações, evidenciando um exemplo de inovação tecnológica a nível mundial, executado dentro de um Instituto de Pesquisa com ramificações para o setor produtivo.

Uma grande motivação para a exploração deste material, como um dos mais promissores em termos de aplicações está nas possibilidades de alcance de mercado, como mostra a Fig. 5.

Como se observa da Fig. 5, houve um crescimento acelerado a partir do início da década passada, com tendência a continuar neste mesmo rítimo nesta década. Especulações de crescimento a longo prazo, baseadas nas possibilidades de vencer desafios como o de transformar o diamante-CVD em semicondutor para nano-estruturas eletrônicas e conseguir alta aderência em superfícies de aços ferramentas, apontam para um mercado de centenas de bilhões de dólares em cinqüenta anos.

A Fig. 6 mostra um diagrama esquemático do nosso programa desde os estudos básicos até a industrialização. Dentro destas áreas de pesquisa e desenvolvimento foram publicados mais de 80 trabalhos em revistas especializadas, outros 30 trabalhos completos em congressos, cerca de 300 trabalhos em congressos nacionais, internacionais e palestras convidadas. Foram depositadas, também seis patentes, sendo duas internacionais. Uma patente internacional já está em atividade. Como mostra a Fig. 6, são bastante as áreas de pesquisas em Diamante-CVD, o que levou a um número grande também de áreas de desenvolvimento voltadas para as aplicações. Paralelamente ao trabalho de pesquisa e de desenvolvimento, foi criado dentro do projeto, a atividade de busca de interessados para os vários dispositivos desenvolvidos em laboratório, bem como estuda-se as possíveis aplicações a serem alcançadas. A estratégia foi administrar a pesquisa, o desenvolvimento e a industrialização sempre juntos.

A partir de um intenso trabalho de pesquisa, vários dispositivos foram visualizados, alguns com possibilidades de aplicações relativamente rápidas, outros mais para longo e médio prazo. Os dispositivos já desenvolvidos estão distribuídos dentro de um campo relativamente vasto de aplicação, que vai desde a área espacial até a área biológica, como relacionados: a) - revestimentos resistentes ao desgaste, b) - revestimentos ópticos, c) - tubos e orifícios, d) - dissipadores de calor, e) - brocas odontológicas rotativas, f) - brocas odontológicas para ultra-som, g) - apalpador mecânico, h) - brocas anelares para perfuração de vidro, i) - eletrodos para eletroquímica, j) - eletrodos para células combustíveis e k) - Insertos de ferramentas de corte e usinagem. Destes, vários são aplicados diretamente na área espacial, como é o caso dos itens a, b ,c, d, g, h, j e k. Entretanto os que mais se aproximaram das aplicações imediatas, foram os itens c, e, f e k. Para a industrialização, inicialmente a equipe buscou várias empresas das respectivas áreas, e não obteve-se êxito, provavelmente por se tratar de inovações altamente qualificadas, exigindo também, inovações na busca de mercado, marketing, etc. Estas dificuldades, levou a equipe a buscar outras saídas, como e de criar uma empresa para esse fim. Isso foi feito, e cerca de seis meses após, a FAPESP, criou o programa PIPE, onde a equipe submeteu um projeto que foi aprovado na primeira e segunda fase. Durante o desenvolvimento deste projeto, embora tenha sido desenvolvido vários dispo-

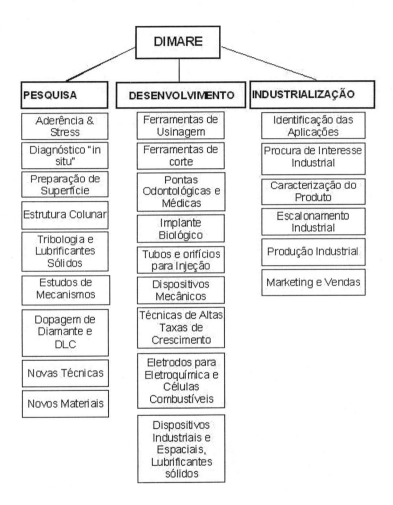

Figura 6: Diagrama de blocos do projeto DIMARE com as áreas de pesquisa, de desenvolvimento e de industrialização.

sitivos, procurou-se concentrar esforços em um dispositivo como um primeiro grande teste. E, observando o alcance para a sociedade, dimensões do produto para escalonamento industrial, maior possibilidade do cliente alvo aceitar mudanças com alta tecnologia, optou-se pelas pontas odontológicas, que será o produto do destaque do presente trabalho. Dentro do assunto, pontas odontológicas de diamante-CVD, houve um estudo adicional, que foi a possibilidade de usar esta tecnologia para substituir, também, o desgaste por rotação, e introduzir um conceito completamente novo, que é o desgaste com vibração de pequenas amplitudes a partir do ultra-som. Este novo conceito em pontas odontológicas só foi possível devido ao alto grau de aderência do diamante-CVD ao material metálico da haste. Tanto as pontas de rotação, como as de ultra-som em diamante-CVD, bem como o processo para sua obtenção foram patenteados internacionalmente.

A diferença básica entre as pontas odontológicas convencionais e as de diamante-CVD, é que no segundo caso estas são uma pedra única de diamante, com durabilidade de cerca de 30 vezes mais, compatível biologicamente e agrega menos sujeira por ser um material auto lubrificante.

As Fig. 7 e 8 mostram com clareza a diferença entre as superfícies de uma ponta convencional e uma de diamante-CVD, respectivamente. A convencional é feita a partir de solda galvânica de pó de diamante na haste metálica, enquanto que a ponta em diamante-CVD é um filme espesso crescido sobre a haste metálica no formato adequado, formando uma pedra única com rugosidade controlada.

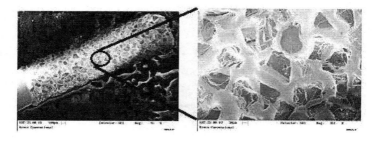

Figura 7: Ponta odontológica convencionalcom detalhe da morfologia.

Pode-se observar das Figs. 6 e 7, que a diferença da morfologia é muito grande, enquanto que as pontas convencionais correspondem a um aglomerado de pó de diamante fixado com solda galvânica, em geral com níquel, a morfologia das pontas em diamante-CVD tem uma superfície completamente

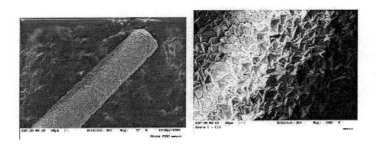

Figura 8: Ponta odontológica em diamante-CVD com detalhe da morfologia.

recoberta e com rugosidade, que também pode ser controlada, mas na forma de uma pedra única em diamante. Justamente por se tratar de uma pedra única de diamante, com a alta aderência desta ao metal da haste, foi possível usar estas pontas em aparelhos de ultra-som para fazer praticamente todos os trabalhos que os profissionais fazem utilizando as pontas rotativas. Este é um conceito completamente novo, pois o uso destas pontas em aparelhos de ultra-som, vai eliminar o barulho do motor de rotação, que incomoda não somente os pacientes, mas também os profissionais, vai eliminar o sangramento, pois o ultra-som corta apenas o material duro, não afetando tecido mole, evitando cirurgias em tratamentos sub gengivais, e ainda ficou comprovado pelos profissionais que estão usando em caráter experimental, que os tratamentos feitos com as pontas em diamante-CVD em aparelhos de ultra-som, em cerca de 80% dos casos, que em geral se aplica anestesia, não mais haverá a necessidade de aplicá-la.

É importante dizer que estas novas pontas poderão ser usadas em qualquer aparelho de ultra-som já existentes para outros tipos de tratamentos. Foram desenvolvidos adaptadores especiais para cada marca de aparelho, nacionais e importados já conhecidos. Desta forma, todos os modelos de pontas serão de uso universal. A Fig. 9 mostra um dos modelos de pontas em diamante-CVD para uso em aparelhos de ultra-som, com um formato de uso para dentística em geral. Estão mostradas duas pontas cilíndricas, sendo uma com terminal reto e outro com terminal arredondado. A morfologia é sempre o mesmo para todos os modelos de pontas.

Devido ao seu formato, também, o fato de os adaptadores serem de dimensões pequenas, este sistema de tratamento oferece ao profissional muito mais visibilidade das áreas a serem tratadas.

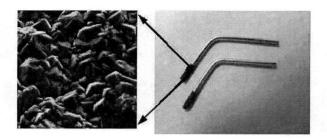

Figura 9: Pontas em diamante-CVD para uso em aparelhos de ultra-som com formato cilíndrico, e detalhe da morfologia.

Cabe aqui, adicionar que o mercado mundial de pontas odontológicas antes deste novo conceito, é de cerca de 0,5 bilhões de US$, com cerca de 2 milhões de dentistas no mundo, sendo cerca de 160.000 no Brasil e cerca de 250.000 na América Latina. Com este novo conceito, este mercado será muito maior, pois muitos outros tipos de tratamentos, não se justificarão, abrindo, não somente um campo grande de novos mercados, mas também, um campo muito grande de novos estudos relacionados com os novos e benéficos efeitos.

# 5 Conclusões e Sugestões

Embora de forma muito resumida, foi apresentado aqui um procedimento de buscar riqueza, para uma nação, na mais pura forma de equilíbrio do custo e do benefício, que uma sociedade pode esperar de seu investimento em pesquisas dentro de uma Instituição para esse fim. Foi mostrado a necessidade da cultura do empreendedorismo desde a formação secundária até o fim do terceiro grau, com programas que possam ir muito além das instruções, e sim que garantam incentivos em todos os níveis para os movimentos de empreendedores, e possam atingir todas as áreas do conhecimento.

Mostrou-se, também, no exemplo de inovação tecnológica, que vários obstáculos foram vencidos, como descrito, pois passou por uma fase de pesquisa, por uma fase de desenvolvimento, por uma fase de transferência de tecnologia, por uma fase de escalonamento industrial e está agora na fase de marketing e vendas, onde não somente os profissionais de odontologia, e sim a sociedade como um todo, já está avaliando seus benefícios. Por se tratar de um produto absolutamente novo, que muda conceito e com a propriedade intelectual protegida no mundo todo, espera-se que brevemente, este produto esteja ultrapassando os limites de nossas fronteiras. Finalizando, sabe-se que o exemplo de empreendedorismo bem sucedido, constitui em uma das mais eficazes vozes do otimismo, que atrairá inúmeros outros empreendedores em potencial preparados para trilhar caminhos semelhantes.

# Agradecimentos

Agradecemos à FAPESP, pelo financiamento de parte das pesquisas em diamante-CVD e pelo financiamento para criação da primeira Empresa para pesquisar, desenvolver e fabricar diamante-CVD no país, ao CNPq pelo financiamento de parte dos trabalhos de pesquisas, à FINEP, pelo financiamento dos trabalho de marketing e vendas, à Endeavor pela escolha de nossa Empresa para ensinamentos que ajudou a nos guiar para os rumos empresariais e, finalmente, ao INPE, por acreditar no valor do trabalho de pesquisa com o comprometimento de sua aplicação, garantindo financiamento de grande parte da pesquisa desenvolvida e, também, grande parte do processo de transferência da tecnologia associada.

# Referências

1. Indicadores de Ciência e Tecnologia e Inovação em São Paulo, 2001 e Revista Pesquisa Fapesp, n° 52 (2000).

2. Professor Jeffry A. Timmons, New Venture Creation, 1998, e palestra Endeavor (2002).

3. The Wall Street Journal, 24 de Junho de 1999, e palestra Endeavor (2002).

4. Panorama das Encubadoras 2002, da Associação Nacional de Entidades Promotoras de Empreendimentos de tecnologias Avançadas, Anprotec, www.anprotec.org.br (2002).

# Interações Eletrofracas com o Núcleo Atômico

J.R. Marinelli [1]

*Depto de Física - CFM - Universidade Federal de Santa Catarina*
*Florianópolis - SC - CP. 476 - CEP 88.040 - 900 - Brazil*

**Resumo**

Espalhamento de elètrons pelo núcleo atômico tem sido uma das técnicas mais importantes utilizadas nas últimas décadas para o avanço de nosso conhecimento sobre a estrutura nuclear e do nucleon. A medida de elétrons espalhados em coincidência com outros produtos da reação, aumentaram ainda mais o grau de detalhamento deste conhecimento, que pode ser extraido da secção de choque de espalhamento. Mais recentemente, a utilização de elétrons inicialmente polarizados permitem que, além da interação eletromagnética, os efeitos devidos à interação fraca elétron-núcleo possam ser maximizados, revelando assim outros aspectos da estrutura do alvo como a distribuição de neutrons e a estranheza no núcleo, assim como um importante teste complementar para o Modelo Padrão. Tais aspectos serão aqui abordados através da discussão de exemplos específicos, relacionados a projetos experimentais recentes, alguns deles ainda em andamento.

## 1 Introdução

A utilização de pontas de prova eletromagnéticas na investigação da estrutura nuclear é uma importante ferramenta, que vem sendo usada pelos físicos nucleares desde meados da década de 50, porém cuja idealização teve início em 1929 com o trabalho pioneiro de Mott [1] , o qual pela primeira vez obteve a secção de choque de espalhamento de elétrons relativísticos pelo núcleo. Existem pelo menos duas boas razões para tal interesse:

a)A interação eletron-núcleo é essencialmente eletromagnética, a qual é bem conhecida e suficientemente pequena para não causar grandes distúrbios

---

[1]E-mail : ricardo@fsc.ufsc.br

na estrutura original do alvo hadrônico. Esta propriedade no entanto não é privilégio do espalhamento de elétrons: fótons ( assim como prótons e partículas alfa dentro de certas faixas de energia) também interagem via força eletromagnética apenas.

b) Mas a razão mais importante está no fato de que, para uma dada energia de excitação $\omega$ do alvo, podemos variar o momento transferido $q$, tal que $q^2 \geq \omega^2$. Para fótons reais apenas a igualdade pode ser satisfeita, enquanto que para partículas hadrônicas carregadas, se aumentamos q as incertezas devidas à interação forte fazem com que a análise da secção de choque não seja tão "limpa".

Pretende-se aqui fazer inicialmente uma breve descrição dos principais avanços obtidos no conhecimento da estrutura nuclear utilizando experimentos tradicionais de espalhamento de elétrons, assim como usando a técnica de medidas em coincidência com prótons emitidos na reação. Posteriormente, discutiremos como a utilização de elétrons inicialmente polarizados pode revelar de forma única e precisa outros aspectos da estrutura nuclear e do nucleon, através da inclusão da interação fraca na análise do processo.

## 2 Espalhamento de Elétrons Não Polarizados

A secção de choque de espalhamento de elétrons inicialmente não polarizados e cuja polarização final não é observada, é dada, usando teoria de perturbação em primeira ordem ( ou primeira aproximação de Born) pela expressão bem conhecida [2]:

$$\frac{d\sigma}{d\Omega} = \sigma_M \left[ V_L (F_L^{em}(q))^2 + V_T (F_T^{em}(q))^2 \right], \qquad (1)$$

onde $\sigma_M$ é a secção de choque de Mott, que corresponde ao espalhamento por uma carga puntual $Ze$. $F_{L,T}$ são os fatores de forma longitudinal e transverso, os quais dependem das distribuições de carga (L) e de corrente(T) do núcleo respectivamente e os fatores cinemáticos $V_{L,T}$ dependem essencialmente do ângulo de espalhamento $\theta$. Variando a energia incidente e $\theta$, porém mantendo q fixo, é possivel separar os dois fatores de forma a partir dos dados experimentais. Os experimentos pioneiros [3] realizados por Hofstadter nos anos 50 utilizaram estas idéias para extrair os fatores de forma do nucleon a partir da análise de uma combinação de resultados obtidos a partir do espalhamento elástico de elétrons na faixa de algumas centenas de Mev, por Hidrogênio e

Deuteron. A análise destes primeiros resultados permitiu mapear com precisão a distribuição de carga do próton assim como o raio desta distribuição. Cerca de uma década mais tarde espalhamento de elétrons por prótons foram novamente realizados, cujos elétrons incidentes tinham agora energias uma ordem de grandeza maiores e os resultados foram decisivos para a observação da estrutura de quarks do nucleon [4].

A partir dos primeiros experimentos realizados por Hofstadter, um extenso programa experimental, conjugado à análise teórica dos resultados baseada em modelos fenomenológicos e métodos de muitos corpos, foi levado a cabo praticamente ao longo de toda a tabela periódica. Isto permitiu a extração da distribuição da densidade de carga nuclear com precisão de até 1 por cento. Por outro lado, espalhamento a ângulos $\theta \simeq 180^o$ permitem a determinação da distribuição de corrente, uma vez que para esta cinemática $V_L \simeq 0$ (ver equação 1). Se tomamos o modelo de camadas como uma primeira aproximação para o problema da estrutura nuclear, podemos concluir que a distribuição de corrente nuclear em um núcleo par-impar depende principalmente da função de onda do nucleon que ocupa o nível de Fermi. Este fato foi extensamente utilizado como uma possivel fonte de informações sobre a distribuição de neutrons no núcleo ( núcleos com Z par e N ímpar). No entanto, os problemas experimentais associados ao espalhamento a ângulos trazeiros, assim como outros efeitos como as misturas de configurações e correntes mesônicas devem ser levados em consideração na análise dos resultados.

Já no caso de espalhamento inelástico, o espectro de excitação do sistema nuclear e as correspondentes cargas e correntes de transição podem ser obtidas. Em particular, os chamados modos de excitação coletivos podem ser estudados. Um exemplo interessante é o caso de núcleos que apresentam espectros excitados de rotação . A análise simultânea dos fatores de forma longitudinal e transverso, podem nos dizer não apenas que o núcleo apresenta modos rotacionais mas como tal rotação se dá, através da análise das correntes associadas . A princípio, a análise da distribuição de correntes obtidas do experimento pode nos dizer então como o núcleo roda. Existem vários outros aspectos da estrutura nuclear e da dinâmica de muitos corpos que podem ser estudados através do espalhamento de elétrons não-polarizados, que emitiremos aqui. Para uma revisão e outros exemplos interessantes sugerimos a referência [5].

## 3 Espalhamento de Elétrons em Coincidência

Além da observação do elétron espalhado, é possivel medir outros produtos da reação em coincidência. De grande interesse atual é o espalhamento em coincidência com o próton emitido(e,e´p), na região do pico quasielástico. Neste caso, o elétron interage essencialmente com um dos prótons do núcleo, arrancando-o do sistema. O comportamento da secção de choque seria trivial caso o próton estivesse inicialmente "congelado"dentro do núcleo. Este no entanto possui uma distribuição de momento que depende fortemente da dinâmica de muitos corpos que rege o sistema. Novamente, controlando de forma conveniente a cinemática da reação é possivel extrair da secção de choque experimental a distribuição de momento do próton dentro do núcleo. Em especial, queremos obter as componentes de alto momento desta distribuição, pois estas revelam o carater de curto alcance da interação do próton com os demais nucleons.

Um extensivo programa experimental e teórico vem sendo realizado [6] com o intuito de se obter as distribuições de momento acima citadas. Por outro lado, à medida que as energias envolvidas no processo crescem, os efeitos relativísticos na estrutura nuclear começam a se tornar relevantes [7].

Outro exemplo são as reações (e,e´p) na região das ressonâncias gigantes, as quais são importantes para o estudo do acoplamento destes modos de excitação com o contínuo [8].

## 4 Elétrons Polarizados e a Interação Fraca

De acôrdo com a teoria de Fermi para a fôrça fraca, a interação pode ser escrita na conhecida forma corrente-corrente [9]:

$$H_{int}^{weak} = G j_\mu^{w(\pm)} J^\mu_{w(\pm)}, \qquad (2)$$

onde $j_\mu^{w(\pm)}$ representa a corrente fraca para processos com troca de carga e G é a constante universal que define a ordem de grandeza da interação. Um exemplo clássico é o decaimento beta, onde a carga tanto do setor hadrônico como do leptônico muda de uma unidade. A não-conservação da paridade, característica da interação fraca, pode ser incorporada escrevendo a corrente como uma combinação de um termo que se transforma como um vetor polar e outro como um vetor axial, ou seja:

$$J_\mu^{w(\pm)} = J_\mu^{V(\pm)} - J_\mu^{A(\pm)}, \qquad (3)$$

também chamada de forma V-A da corrente, implicando em que a violação de paridade é máxima. Para energias na região de interesse aqui, a aproximação corrente-corrente apresentada acima é adequada. No início da década de 70 foram pela primeira vez observados alguns processos que evidenciaram a existência de uma corrente neutra (por exemplo, espalhamento elástico elétron-neutrino). Esta pode ser escrita na forma:

$$J_\mu^{NC} = a_V J_\mu^V - a_A J_\mu^A. \qquad (4)$$

As constantes $a_{V,A}$ são em geral diferentes da unidade, o que implica que neste caso a violação de paridade pode não ser máxima como no caso da corrente de troca de carga. De acôrdo como o Modelo Padrão de Glashow-Weinberg-Salam [9], a corrente acima pode ser reescrita como:

$$J_\mu^{NC} = J_\mu^{V3} - J_\mu^{A3} - sen^2\theta_w J_\mu^{em}, \qquad (5)$$

onde $\theta_w$ é o chamado ângulo de mistura de Weinberg. Vemos assim que, para neutrinos, a corrente neutra mantém a forma V-A, enquanto que para partículas que interagem via interação eletromagnética (em), aparece um termo adicional. É importante lembrar ainda que a estrutura das correntes eletromagnética ($J_\mu^{em}$) e da parte vetorial($J_\mu^{V3}$) da corrente neutra, é essencialmente a mesma.

Em 1975, foi sugerido [10] que o espalhamento de elétrons polarizados em alvos nucleares selecionados pode ser usado como ponta de prova para o Modelo Padrão. Na verdade, se adicionarmos à interação eletromagnética (representada aqui pela troca de fótons) a interação fraca (troca de bosons neutros $Z°$), a contribuição desta última é irrelevante. No entanto, podemos definir a assimetria como sendo a razão entre a diferença e a soma das secções de choque diferencias para elétrons polarizados longitudinalmente (em relação à direção de propagação). A idéia é que a interação eletromagnética não distingue entre dois elétrons que tenham spins apontando na direção de seu momento ou na direção oposta, enquanto que para a interação fraca estas são duas situações fisicamente distintas. Usando então novamente a primeira aproximação de Born para a obtenção das secções de choque, temos:

$$\mathcal{A} = \frac{d\sigma_\downarrow - d\sigma_\uparrow}{d\sigma_\downarrow + d\sigma_\uparrow}, \qquad (6)$$

ou explicitamente em termos de fatores de forma,

$$\mathcal{A} = \frac{Gq^2}{\pi\alpha\sqrt{2}} \frac{V_L F_L^{em} F_L^V + V_T F_T^{em} F_T^V + V_{T1} F_T^{em} F_T^A}{V_L (F_L^{em})^2 + V_T (F_T^{em})^2}. \tag{7}$$

É importante observar que os fatores de forma vetoriais ($F_{L,T}^V$) nada mais são que a transformada de Fourier da parte vetorial da corrente fraca, assim como os fatores de forma axiais ($F_{L,T}^A$) são dados pela transformada de Fourier da parte axial da corrente. Além disto, uma vez que estamos interessados em descrever tais correntes através de graus de liberdade de prótons e neutrons no núcleo, pode-se mostrar que enquanto o fator de forma longitudinal eletromagnético($F_L^{em}$) depende essencialmente da estrutura de prótons, o fator de forma longitudinal vetorial ($F_L^V$) depende tanto da estrutura de prótons como de neutrons. Se consideramos agora o caso de espalhamento elástico em um núcleo par-par onde N=Z, a assimetria adquire (assumindo como válido o Modelo Padrão), a expressão simples:

$$\mathcal{A} = \frac{Gq^2}{\pi\alpha\sqrt{2}} sen^2\theta_w. \tag{8}$$

Desta forma, a assimetria pode neste caso nos dar uma alternativa de obtenção para o ângulo de Weinberg, parâmetro fundamental do Modelo Padrão. O resultado acima só pode ser considerado rigorosamente correto se assumirmos simetria de isospin para o núcleo, vital para que a dependência na estrutura nuclear desapareça na expressão da assimetria. A partir desta proposição, dados experimentais foram obtidos alguns anos depois usando como alvo o núcleo de $^{12}C$ [11]. Embora o resultado obtido para $sen^2\theta_w$ seja consistente com medidas de outras fontes, a precisão do resultado ficou aquém do desejado.

## 4.1 A distribuição de neutrons no Núcleo

Por outro lado, a importância do resultado acima instigou os físicos nucleares a estimar os efeitos que possiveis "impurezas"de isospin na função de onda nuclear poderiam gerar [12]. Desta análise pode-se concluir que o espalhamento de elétrons polarizados pode ser uma fonte de informação sobre a distribuição de neutrons no núcleo. Para entendermos como isto ocorre, lembremos que o fator de forma vetorial nuclear pode ser reescrito em termos de fatores de forma de protons e fatores de forma de neutrons, ou seja:

$$F_L^V = \left(\frac{1 - 4sen^2\theta_w}{2}\right) F_L^{(p)} - \frac{1}{2} F_L^{(n)}. \tag{9}$$

Uma vez que $sen^2\theta_w \simeq 0.23$, vemos que o boson $Z^0$ da interação fraca se acopla mais fortemente com os neutrons do que com os prótons no núcleo. Usando o resultado acima para a assimetria e lembrando que o fator de forma eletromagnético depende do fator de forma de prótons, obtemos para espalhamento elástico em um núcleo par-par:

$$\mathcal{A} = \frac{Gq^2}{\pi\alpha\sqrt{2}}\left(4sen^2\theta_w - 1 + \frac{F_L^{(n)}}{F_L^{(p)}}\right). \tag{10}$$

Para um núcleo com N=Z e invocando invariância por isospin reobtemos o resultado anterior. Em geral no entanto, uma medida da parte dependente de estrutura da assimetria pode nos revelar a distribuição de neutrons, uma vez que o fator de forma de prótons é em geral bem conhecido do espalhamento de elétrons não-polarizados.

Um resultado bem conhecido é o que mostra que, no limite de baixos momentos transferidos $q$, o fator de forma longitudinal ($F_L$) é proporcional ao raio da distribuiçao. Assim, a obtenção do fator de forma longitudinal de neutrons a baixos momentos corresponde a uma medida do raio de neutrons do núcleo. Vários cálculos teóricos mostram que o raio de neutrons tende a ser ligeiramente maior que o raio de prótons, ao longo da tabela periódica [13]. Por outro lado, nossa maior fonte de informações experimental a este respeito provém de espalhamento nuclear de prótons ou pions, os quais carregam as incertezas inerentes à natureza hadrônica da interação. O espalhamento de elétrons com violação de paridade, se apresenta como uma alternativa interessante para a medida da chamada "pele de neutrons" do núcleo. Uma segunda motivação, é o interesse astrofísico na obtenção da distribuição de neutrons na matéria nuclear (estrelas de neutrons). Finalmente, pode-se mencionar o chamado efeito de violação de paridade atômico, considerado hoje como um dos meios mais precisos de teste do Modelo Padrão, mas que depende do conhecimento detalhado das distribuições de prótons e de neutrons dentro do núcleo [14]. Por todas estas razões, a medida da assimetria através do espalhamento elástico de elétrons em $^{208}Pb$ é um dos experimentos em andamento atualmente [15].

## 4.2 Fatores de Forma Estranhos

Na discussão acima, consideramos que a parte dependente de estrutura na assimetria, para um núcleo par-par, é proveniente exclusivamente da dependência de isospin, ou seja, do fato de que as distribuições de prótons e neutrons no núcleo não são exatamente iguais. No entanto, podemos ser ainda um pouco mais ambiciosos e lembrar agora que os nucleons são formados não apenas por quarks u e d, mas também por quarks s, os quais definem o número quântico de estranheza (quarks mais pesados têm uma probabilidade muito pequena de contribuir na estrutura do nucleon dentro do núcleo). Em outras palavras, da mesma forma que o neutron possui uma distribuição de carga embora seja eletricamente neutro, o nucleon deve também ter uma distribuição de estranheza. Se decompomos agora os fatores de forma em termos de quarks u, d e s [16], obtemos para a assimetria a expressão abaixo:

$$\mathcal{A} = \frac{Gq^2}{4\pi\alpha\sqrt{2}} \left( 4sen^2\theta_w + \frac{F^{(s)}}{F_L^{(em)}} \right). \tag{11}$$

O fator de forma $F^{(s)}$ determina a contribuição da estranheza no núcleo. Note-se ainda que o resultado acima deve ser aplicavel a núcleos com N=Z leves, uma vez que as impurezas de isospin foram aqui negligenciadas. Esta é a situação do espalhamento no $^4He$, para o qual dados experimentais estarão brevemente disponíveis [17]. Outra forma talvez mais direta de se obter a distribuiçao de estranheza no nucleon é a realização de experimentos com elétrons polarizados no próton, para os quais já existem resultados disponíveis [18]. Neste caso no entanto, a extração do fator de forma de estranheza depende de forma crucial de nosso conhecimento dos fatores de forma elétrico e magnético do próton e do neutron, e para este último a imprecisão na determinação do fator de forma elétrico é um fator altamente limitante.

## 4.3 "Backscattering" e o Fator de Forma Axial

Como uma última aplicação, gostaríamos de mencionar a obtenção da assimetria a ângulos de espalhamento trazeiros ($\theta = 180^o$). Neste caso é fácil concluir que a expressão geral obtida para a assimetria se reduz a:

$$\mathcal{A} = \frac{Gq^2}{2\pi\alpha\sqrt{2}} \left( 1 - 2sen^2\theta_w + (1 - 4sen^2\theta_w)\frac{F_T^A}{F_T^{(em)}} \right). \tag{12}$$

Desta forma, a parte dependente de estrutura depende agora do chamado fator de forma axial($F_T^A$) do alvo, ou seja, da distribuição de spin do mesmo. O fator de forma eletromagnético transverso ($F_T^{(em)}$) pode em princípio ser obtido do espalhamento (e, e´) usual, como discutido anteriormente. Existem no entanto dois fatores que conspiram contra a extração do fator de forma axial a partir da expressão acima: em primeiro lugar, as dificuldades experimentais inerentes ao "backscattering" e em segundo lugar o aparecimento novamente do fator $(1 - 4sen^2\theta_w)$, o qual é muito próximo de zero, tornando a dependência de estrutura extremamente pequena.

## 5 Conclusões

O espalhamento de elétrons é uma forma bem estabelecida como ponta de prova eletromagnética para testar a estrutura do núcleo e/ou do nucleon. A utilização de elétrons inicialmente polarizados traz à tona os efeitos da interação fraca com o alvo, de forma a enfatizar alguns aspectos da estrutura que são inacessíveis via interação eletromagnética apenas. Inicialmente elaborado como um meio alternativo de teste para o Modelo Padrão, os efeitos de estrutura na chamada assimetria deram origem a problemas de interesse para a Física Nuclear e de Partículas. De nossa discussão acima podemos destacar aqui três exemplos importantes. Do ponto de vista do núcleo atômico lembramos que uma combinação de espalhamento (e, e´) com espalhamento de elétrons polarizados ($\vec{e}$, e´), permite em princípio uma reconstrução completa da distribuição de prótons e de neutrons. Além disto, se considerarmos espalhamento a ângulos trazeiros, a distribuição de spin do núcleo (ou nucleon) pode ser também extraida a partir do espalhamento com efeitos de violação de paridade.

Do ponto de vista do nucleon, destacamos a possibilidade de obtenção direta de informações sobre a estrutura do "mar", através da medida do fator de forma de estranheza.

Estes fatos fazem com que o espalhamento de elétrons com violação de paridade seja hoje um método bastante frutífero e de intensa investigação, tanto no aspecto experimental como teórico.

## Referências

[1] N.F. Mott, Proc. R. Soc. London 124 (1929) 425.

[2] T. de Forest and J.D. Wallecka, Advances in Nuclear Physics, vol.15(1966)1.

[3] R. Hofstadter, Ann. Rev. Nucl. Sci., 7(1957)231

[4] J.I. Friedman, H.W. Kendall and R.E. Taylor, Rev. Mod. Phys. 63(1991)573,597 and 615.

[5] A.M. Lallena, Int. Journal of Modern Physics A6(1991)2213.

[6] ver por exemplo M. Mazziotta, J.E. Amaro and F.A. de Saavedra, arXiv:nucl-th/0107018 (2001).

[7] J.A. Caballero et al, Few-Body Systems Suppl. 0,1-7(2002).

[8] W.E. Kleppinger and J.D. Wallecka, Ann. Phys. 146 (1983)349.

[9] F. Halzen and A.D. Martin, "Quarks and Leptons: An Introductory Course in Modern Particle Physics", John Wiley.

[10] G. Feinberg, Phys. Rev. D12(1975)3575.

[11] P. A. Souder et al, Phys. Rev. Letters 65(1990)694.

[12] T.W. Donnelly, J. Dubach and I. Sick, Nucl. Phys. A503(1989)589.

[13] C.J. Horowitz et al, Phys. Rev. C63,025501.

[14] W. Greiner and Berndt Muller, Gauge Theory of Weak Interactions, Springer(1996).

[15] R. Michaels et al, Proposal to JLAB PAC 17, www.jlab.org

[16] M.J. Musolf et al, CEBAF preprint TH-93-11(1993).

[17] E.J. Beise et al, Update to Proposal JLAB Exp. E-91-004, www.jlab.org

[18] R. De Leo et al, Proposal to JLAB PAC 16, www.jlab.org

# Observatório Pierre Auger

Ronald Cintra Shellard[1]

CBPF, R. Xavier Sigaud 150, Rio de Janeiro, 22290-180, RJ, Brasil

Depto. de Física, PUC-Rio,  Rio de Janeiro, 22451-041, RJ, Brazil

**Resumo**

A primeira fase de construção do Observatório Pierre Auger, o *Engineering Array* já foi terminada e o detector está em operação. Quando completo, o observatório oferecerá uma vista dos raios cósmicos de energias ultra altas com grande significância estatística, essencial para a solução do enigma da existência deste tipo de partícula. Neste trabalho apresentamos uma descrição suscinta dos componentes do detector.

## 1 Introdução

A existência de raios cósmicos com energias muito altas (acima de $10^{20}$ eV foi observada pela primeira vez nos anos 60 por J. Lindsay [1, 2], usando uma rede de detectores em Volcano Ranch, no Novo México. Desde então vários outros experimentos [3, 4, 5, 6, 7] confirmaram a existência de raios cósmicos ultra-energéticos (UHECR[2]), usando técnicas bastante distintas. O interêsse astrofísico nesta região de energia advém das características especiais previstas no espectro dos raios cósmicos. Se os UHERC são matéria comum, prótons, ou núcleos, e mesmo fótons, sua interação com a matéria no espaço interestelar ou intergaláctico, por processos nucleares e eletromagnéticos, é bem conhecida, permitindo um cálculo acurado do livre caminho [8, 9, 10, 11, 12, 13, 14, 15]. A radiação de fundo do universo oferece um mecanismo de dissipação de energia para raios cósmicos se tiverem energias acima de $3 \times 10^{19}$ eV através da fotoprodução de píons, o chamado corte GZK [16, 17]. Por outro lado, não é conhecido nenhum mecanismo baseado na Física convencional, capaz de explicar a aceleração de partículas a estas energias, levando a muitas especulações teóricas sobre a natureza e origem destes raios cósmicos [12, 18].

O Observatório Pierre Auger [19] foi desenhado com o objetivo de medir o fluxo, a direção e a composição química dos raios cósmicos com energias

---

[1]shellard@cbpf.br

[2]Usamos aqui a abreviação na forma inglesa, (*ultra high energy cosmic rays*), por ser já parte da terminologia dos físicos, para referir-se a raios cósmicos com energias acima de $3 \times 10^{19}$ eV.

acima de $10^{18}$ eV, com grande significância estatística, cobrindo todo o céu. O observatório em sua configuração final contará com dois sítios locados nos Hemisférios Sul e Norte. A construção do complexo foi iniciada pelo observatório Sul, em parte pela inexistência de sensores sensíveis às energias altas, neste Hemisfério, mas motivado também pela visibilidade do centro da galáxia.

O observatório tem duas componentes complementares. Por um lado, sensores na superfície fazem um diagnóstico da composição de um chuveiro atmosférico, iniciado por um raio cósmico, ao atingir a superfície da Terra. As características da partícula primária são inferidas a partir desta secção do chuveiro. A técnica complementar mede a emissão de radiação ultra-violeta gerada pela passagem do chuveiro pela atmosfera, medindo seu desenvolvimento longitudinal. Esta segunda técnica, mais rica, só pode ser usada em períodos limitados, à noite, e quando não há muita luz ambiente, como é o caso de noites de lua cheia. A operação do detector no modo híbrido, apesar de limitado no tempo, permite uma inter-calibração dos componentes do detector, tornando as medidas das características dos UHECR menos dependente de modelos teóricos.

## 2 Detecção de raios cósmicos ultra energéticos

A medida das características de um raio cósmico ultra energético é feita de forma indireta, pela medida do chuveiro atmosférico que ele induz. A colisão de um raio cósmico primário com os núcleos da atmosfera, distribui a energia original pelos fragmentos, núcleons e mésons, píons em sua grande maioria. Estes, por sua vez, vão sofrer novas colisões ou decair, gerando uma cascata de partículas. Os píons neutros decaem em gamas, que por sua vez produzem pares elétron-pósitron formando a componente eletromagnética de chuveiros atmosféricos. Os mésons carregados sofrem novas interações nucleares ou decaem, tendo como produto final múons. Neutrinos, como escapam detecção, drenam energia dos chuveiros. As componentes carregadas do chuveiro excitam os átomos da atmosfera, em particular o nitrogênio, gerando uma emissão de radiação com forte componente no ultra-violeta próximo (300-450 nm). A componente eletromagnética do chuveiro sofre um processo de multiplicação até o ponto onde elétrons e pósitrons tem energia pequena o suficiente para que a perda por ionização entre no modo $\propto 1/\beta$ de $dE/dx$, sendo então absorvidos. A luz fluorescente, emitida pelo nitrogênio, mencionada acima, é produzida predominantemente pelos pares elétron-pósitron, de modo que ela passa por um crescimento, até atigir um máximo, e depois vai tornando-se tênue. A integral de luz ao longo da evolução do chuveiro é proporcional à energia do primário, enquanto que, o ponto de máxima intensidade está associado à sua identidade. Os múons não são aborvidos pela atmosfera, guardando a memória de seu ponto de formação. Apenas uma fração ínfima deles sofrerá uma colisão catastrófica com núcleos da atmosfera.

Várias estratégias são utilizadas na detecção dos raios cósmicos. A que é usada mais amplamente, mede o número de partículas carregadas na secção transversal do chuveiro atmosférico ao chegar à superfície da Terra. Os detectores usados são cintiladores [20, 6, 21] ou sensores usando água para gerar radiação de Cherenkov [3]. No entanto, a medida da radiação fluorescente emitida pela passagenm do chuveiro revelou-se uma técnica muito eficaz, tendo sido usada com sucesso pelos experimentos *Fly's Eye* [4, 22, 23] e seu sucessor, o *HiRes* [24]. Outra técnica promissora, porém não testada em experimentos de grande envergadura, é a medida dos sinais de rádio emitidos pela propagação de um chuveiro pela atmosfera [25]. Uma informação útil na análise das características de um chuveiro atmosférico é seu conteúdo muônico. No entanto, é uma medida mais difícil, exigindo técnicas mais custosas, sendo feita apenas de forma limitada em alguns experimentos [21].

No observatório Auger é usada uma técnica híbrida para medir os raios cósmicos, combinando uma rede de detectores de superfície com a técnica de radiação fluorescente.

## 3 Rede de detectores de superfície

O detector de superfície (SD) do Observatório Pierre Auger usa um conjunto de 1600 sensores espalhados numa rede triangular, com espaçamento de 1 500 m entre cada estação. Usam a radiação de Cherenkov, gerada pela passagem das partículas carregadas num volume hermeticamente fechado, como elemento sensível. Os detectores são grandes tanques de água, com uma área de 10 m$^2$ e uma coluna d'água de 1,2 m. A água está encapsulada num saco do material Tyvek, que tem a propriedade de refletir com bastante eficiência a luz Cherenkov, na região do ultra-violeta. No topo da superfície da água são dispostas três fotomultiplicadoras de 22 cm de diâmetro, acopladas opticamente à água(ver figura 1). Os sinais são digitalizados usando FADCs[3] de 10 bits, operando a 40 MHz. O gatilho do sistema tem dois estágios, um gatilho local, acionado quando o sinal passa além de um limite pré-estabelecido (e

---

[3] *Fast Analog to Digital Converter*

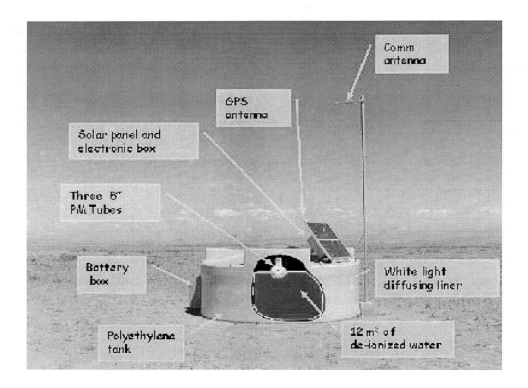

Figura 1: Diagrama de um tanque do Detector de Superfície (SD), mostrando todos os seus componentes.

programável) e o segundo, na estação central do observatório, que combina os gatilhos vindos de tanques diferentes e é acionado quando critérios de padrões, também pré-estabelecidos e programáveis, são atendidos. A freqüência do primeiro gatilho é mantido em cerca de 100 Hz, enquanto que os critérios do segundo gatilho são ajustados para sua freqüência esteja limitada por 20 Hz. Os sinais dos tanques são calibrados usando múons isolados que atravessam o tanque.

Cada estação (tanque) tem um relógio local baseado no sistema GPS, que tem uma precisão de $\sim$ 8 ns. Esta precisão é crucial para a determinação da direção de chegada do chuveiro. Os sistemas eletrônicos das estações são alimentados por um conjunto de paineis solares acoplados a baterias especiais de 12 V. Todos os sistemas foram desenhados de modo a manter o consumo abaixo de 10 W, em operação regular.

A comunicação entre os tanques e a estação central é feita por uma rede local sem fio (LAN[4]), operando na banda 902-928 MHz, de uso industrial, científico e médico (ISM), num modo semelhante a um sistema de telefonia celular.

O campus *Pampa Amarilla*, do observatório Sul, está localizado nas cercanias da cidade de Malargüe, no sul da Província de Mendoza, na Argentina, a uma altitude de 1 400 m acima do nível do mar, com uma área de 3 100 km$^2$ (veja a figura 2). A operação do observatório é controlada a partir do campus central (veja figura 3), onde estão localizados os escritórios, a sala de controle e as oficinas de montagem dos detectores.

## 4 Detectores da luz de fluorescência

O sistema de detectores de luz fluorescente do Observatório Pierre Auger é composto por quatro *olhos*, ou conjuntos de telescópios, dispostos em pequenas colinas na periferia da região dos Detectores de Superfície (veja a localização no mapa da figura 2, e um edifício na figura 4a). A disposição dos olhos ao redor do sistema SD permite que uma fração significativa dos eventos registrados de modo híbrido, sejam vistos por pelo menos dois olhos, melhorando a resolução da medida da energia do primário.

Cada olho é composto por seis telescópios, representados de forma esquemática na figura 4b. Um diafragma circular, com um diâmetro de 1,7 m, centrado no centro de um espelho esférico, cujo raio tem 3,4 m, define a óptica do tipo Schmidt. As bordas do espelho formam aproximadamente um quadrado com 3,5 m de lado. Eles focalizam a luz numa câmara, na superfície focal esférica com um raio que tem aproximadamente metade do raio do espelho refletor. A parte sensível da câmara é formada por 440 fotomuliplicadoras (PMT), cada uma com um campo de visão de aproximadamente 1,5 graus. A escolha deste tipo de óptica reduz as aberrações do tipo *coma*, sem sacrificar em demasia a quantidade de luz registrada. O campo de visão de cada telescópio cobre uma região de 30° × 30°. Para aumentar a área efetiva de coleta de sinal nos píxeis, lentes corretoras com um formato anular, com raio interno de 0,85 m e externo de 1,10 m [26] foram adicionadas. Na parte externa do diafragma há, ainda, um filtro de transmissão ultra-violeta que reduz a luz fora da região de fluorescência. No sistema protótipo foram construídos dois telescópios no olho *Los Leones*, um deles com lentes corretoras, e operados durante alguns meses. A sombra da câmara no espelho causa uma

---

[4]Local Area Network

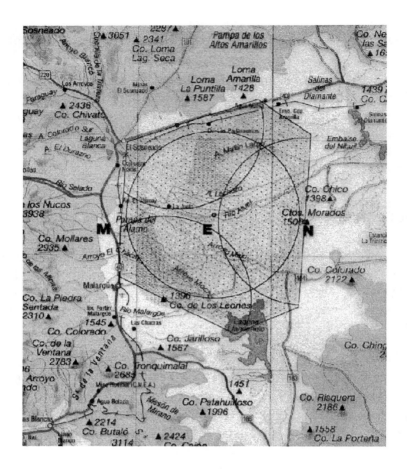

Figura 2: Mapa do campus *Pampa Amarilla*, onde cada ponto representa um elemento do detector de superfície. Os quatro telescópios está localizados no Cerro Los Leones, a sudoeste do sítio, no Cerro Los Morados, a leste, no Cerro Coihecos na ponta a noroeste e no ponto indicado por Loma Amarilla, na parte Norte da área.

obscuração da ordem de 35% reduzido a área efetiva para a coleta de sinais. Na presença de lentes corretoras esta obscuração é de 30%, resultando em uma área para a coleta de luz, de cerca de 2,70 m$^2$.

A digitalização dos sinais tem uma resolução temporal de 100 ns (30 m de trajetória de luz). O sistema de gatilho de primeiro nível do detector de

Figura 3: Prédio principal do campus *Pampa Amarilla*, em Malargüe, Argentina. No salão superior, à esquerda do prédio, fica o centro de controle do observatório.

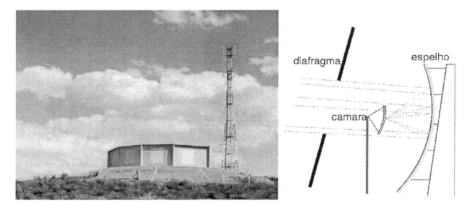

Figura 4: **Esquerda:** Edifício no Cerro Los Leones antes da instalação dos telescópios em cada uma das seis janelas (que estão vedadas na foto). A antena proeminente é a torre de comunicações com os tanques, cobrindo uma região da ordem de 1/4 da área da rede de detectores de superfície. **Direita** Corte esquemático do telescópio do detector de luz fluorescente, mostrando o diafragma, o espelho e a câmara. Os raios de luz vindos de uma dada direção são focalizados na superfície da câmara com uma mancha de cerca de 0,5° de diâmetro.

fluorescência é implementado num *chip* de lógica FPGA[5] reprogramável. Um pixel é rotulado com tendo tido sinal quando mantém um nível (ajustável) acima do ruído de fundo por um período de 1 $\mu$s. Quando um certo número (tipicamente quatro, mas ajustável) de pixeis passa pela condição de gatilho, um evento é registrado e transmitido à estação central. O sinal registrado pelos pixeis é proporcional ao número de foto-elétrons incidindo nas fotomultiplicadoras (PMT).

A reconstrução precisa do perfil longitudinal de um chuveiro atmosférico exige a conversão do sinal registrado pela fotomultiplicadora em fluxo de luz atingindo o diafragma do telescópio e deste fluxo a intensidade da fonte emissora de radiação . Para isto os telescópios tem um sistema de calibração absoluta, onde uma fonte de luz homogênea e bem conhecida, ilumina todo o diafragma. Em paralelo, um sistema de lasers de 355 nm emite um feixe que é registrado pelos telescópios, permitindo uma calibração mais fina.

A medida das características da atmosfera, em particular, os comprimentos de espalhamento de luz na freqüência da fluorescência é parte essencial da reconstrução da energia do chuveiro. O monitoramento contínuo da temperatura e pressão locais permitem estimar as correções devido ao espalhamento Rayleigh. Para medir o espalhamento de luz por aerosóis na atmosfera é usado um sistema de LIDARES baseados em lasers do tipo Nd:Yag, emitindo a 355 nm.

## 5 Simulação da resposta do Detector de Fluorescência

A simulação acurada do comportamento dos detectores é uma peça importante na reconstrução do perfil longitudinal de um chuveiro, e conseqüente medida das características da partícula primária. Há três etapas na simulação: a) simulação da propagação dos fótons através da atmosfera, b) através do telescópio e c) simulação resposta da eletrônica aos fóto-elétrons incidentes na PMT. O programa FDSIM [27] realiza as duas primeiras etapas do processo. Este programa usa uma parametrização devida a T. Gaisser e A. Hilas [28] para reproduzir a fonte emissora de luz, ao longo de desenvolvimento longitudinal do chuveiro. A curva de Gaisser-Hillas, dada pela expressão:

$$\mathcal{F}(\chi) = S_0 \times E \times \left(\frac{\chi}{\chi_{max} - \chi_0}\right)^{\frac{\chi_{max} - \chi_0}{\lambda_P}} \times \exp\frac{\chi_{max} - \chi}{\lambda_P}$$

---
[5]*Field Programmable Gate Arrays.*

expressa o número de partículas carregadas eletromagnéticas (elétron e pósitrons) no núcleo do chuveiro, onde E é a energia, $\chi, \chi_{max}$ e $\chi_0$ representam o ponto ao longo do chuveiro, o ponto do máximo de desenvolvimento do chuveiro e o ponto de início de chuveiro, respectivamente, todos em g/cm$^2$. $\lambda_P$ é o livre caminho médio do primário e vale 70 g/cm$^2$ para os prótons. A partir do número de elétrons no feixe é gerada a luz fluorescente e a radiação Cherenkov, que acompanha o feixe. Esta luz é transmitida, em faixas de bandas de freqüência bem definidas, e atenuadas por processos de espalhamento Rayleigh e Mie, dependentes do comprimento de onda [29] [30]. O espalhamento Rayleigh é um fenomeno estável, que depende do perfil de densidade da atmosfera, e pode ser facilmente simulado. Por outro lado, o espalhamento Mie é bastante variável, dependendo da composição dos particulados em suspensão na atmosfera e de sua distribuição vertical. No programa FDSIM estes dois espalhamentos são parametrizados usando-se o forma

$$T_{Ray} = \exp\left[-\frac{|\chi_1 - \chi_2|}{\chi_R}\left(\frac{400}{\lambda}\right)^4\right]$$

para a atenuação Rayleigh e por

$$T_{Mie} = \exp(-\frac{h_M}{l_M \cos\theta}\left(\exp\left(\frac{h_1}{h_M}\right) - \exp\left(\frac{h_2}{h_M}\right)\right))$$

para a atenuação Mie, de modo que a atenuação composta fica igual a $A_{TT} = T_{Ray} \times T_{Mie}$. Nas expressões acima $\chi_R$, que tem o valor 2974 g/cm$^2$, é o livre caminho médio do espalhamento em $\lambda = 400$ nm, enquanto que $l_M$ é o livre caminho médio para o espalhamento Mie ($l_M \simeq 14$ km a $\lambda = 360$ nm) e $h_M$ é a escala da vertical para a distribuição de aerosóis ($h_M \simeq 1.2$ km) e $\theta$ é o ângulo zênite. Os fótons no diafragma de um telescópio são distribuidos aleatoriamente e suas trajetórias acompanhadas até os sensores ou até extinção

Para determinar se um pixel tem um sinal, é gerado um ruído de fundo, que simula o comportamento da luz aleatória. O sinal gerado pelo feixe é comparado com este fundo, e quando suas razões ultrapassam um limite de referência, o pixel é declarado como ativo.

A simulação reproduz o sinal e o tempo recolhido por cada pixel do detector. Na figura 5 é mostrado um evento simulado, que reproduz fielmente um evento registrado pelo detector de fluorescência.

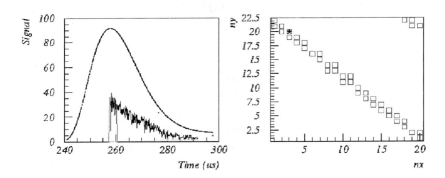

Figura 5: Evento simulado com as mesmas características de um evento real. No lado esquerdo está exibido o desenvolvimento temporal do sinal (curva fragmentada) e no direito, a densidade de fótons (fótons/m$^2$) que chegam ao olho. Neste exemplo a luz é coletada em dois espelhos adjacentes (os píxeis no alto do canto direito da câmara representam os píxeis associados ao espelho vizinho à esquerda).

## 6 Conclusões

O Observatório Pierre Auger está operando cerca de 40 tanques de Cherenkov contínuamente desde o final de 2001, recolhendo eventos, de modo sistemático. No período de dezembro de 2001 a março de 2002, dois telescópios foram instalados no olho de Los Leones (veja o mapa da figura 2) e coletaram eventos híbridos durante o período. Esta configuração, o *Engineering Array*, mostrou que o observatório pode operar de acordo com as especificações estabelecidas em 1995, quando da formação da colaboração Pierre Auger. Em algumas situações foi demonstrado que o detector tem características melhores que as estabelecidas então. Vale mencionar que a configuração final, dispondo todos os olhos de modo a estarem na periferia da rede de detectores de superfície, permite maior eficiência na coleta de eventos híbridos.

No ano de 2003 serão colocados em operação 100 tanques adicionais e dois dos olhos, Los Leones e Coihecos, serão completamente instrumentados. A construção de todo o observatório Sul está prevista para ser completada em

2005.

# Referências

[1] J. Lindsay. *Phys. Rev. Lett.*, 10:146, 1963.

[2] J. Lindsay. *Proc. 8th International Cosmic Ray Conference*, volume 4, page 295. 1963.

[3] M. A. Lawrence, R. J. O. Reid, and A. A. Watson. *J. Phys. G*, 17:733, 1991.

[4] D. J. Bird et al. *Phys. Rev. Lett.*, 71:3401, 1993.

[5] M. Takeda et al. *Phys. Rev. Lett.*, 81:1163, 1998.

[6] N. N. Efimov et al. *Proc. Intl. Symp. on Astrophysical Aspects of the Most Energetic Cosmics Rays*, page 20. eds. M. Nagano and F. Takahara, World Scientific, Singapore, 1991.

[7] S.Yoshida, H. Dai, C. C. H. Jui, and P. Sommers. *Astrophys. J.*, 479:547, 1997.

[8] T. K. Gaisser, F. Halzen, and T. Stanev. *Phys. Rep.*, 258:173, 1995.

[9] J. W. Cronin. *Rev. Mod. Phys.*, 71:S165, 1999.

[10] M. Nagano and A. A. Watson. *Rev. Mod. Phys.*, 72:689, 2000.

[11] A. V. Olinto. *Phys. Rep.*, 333-334:329, 2000.

[12] P. Bhattacharjee and G. Sigl. *Phys. Rep.*, 327:109, 2000.

[13] A. Letessier-Selvon. Theoretical and experimental topics on ultra high energy cosmic rays. astro-ph/0006111, 2000.

[14] Enrique Zas. Astroparticle physics: The high energy tail of the cosmic ray spectrum. *Nucl. Phys. Proc. Suppl.*, 95:201–208, 2001.

[15] Peter L. Bierman and Gustavo Medina Tanco. Ultra high energy cosmic ray sources and experimental results. arXiv:astro-ph/0301299v1, 2003.

[16] K. Greisen. *Phys. Rev. Lett.*, 16:748, 1966.

[17] G. T. Zatsepin and V. A. Kuzmin. *Sov. Phys. JETP Lett.*, 4:78, 1966.

[18] G. Sigl. *Science*, 291:73, 2001.

[19] Auger Collaboration. The Pierre Auger Observatory design report, $2^{nd}$ ed. Auger Note, Fermilab, Batavia, 1999.

[20] M. M. Winn et al. *J. Phys. G*, 12:653, 1986.

[21] M. Takeda et al. *Astropart. Phys.*, (in press), 2003.

[22] D. J. Bird et al. *Astrophys. J.*, 424:491, 1994.

[23] D. J. Bird et al. *Astrophys. J.*, 441:144, 1995.

[24] The High Resolution Fly's Eye Collaboration. Measurement of the spectrum of uhe cosmic rays by the fadc detector of the hires experiment. *Astropart. Phys.*, (in press), 2003.

[25] H. R. Allan. *Prog. in Elementary Particles and Cosmic Ray Physics*, volume 10, page 171. North Holland Publ. Co., 1971.

[26] G. Matthiae and P. Privitera. *The Schmidt Telescope with Corrector Plate*, Auger Note GAP-98-039, 1998.

[27] R. C. Shellard e M. G. Amaral, D. J. Bird et al. (GAP-Note em preparação, 2003) http://www.auger.cbpf.br/auger/dpa/fdsim

[28] Thomas K. Gaisser and A Hillas. *Proccedings of the 15th International Cosmic Ray Conference*, volume 8, page 353. Plovdiv, 1977.

[29] R. M. Baltrusaitis, R. Cady, G. L. Cassiday, R. Cooper, J.W. Elbert, P. R. Gerhardy, S. Ko, E. C. Loh, M. Salamon, D. Steck, P. Sokolsky, *Nucl. Instrum. Meth.* **A240**, 410 (1985).

[30] L. Eltermann, R. B. Toolin, *Handbook of Geophysics and Space Environments* , (1965).

# Cromodinâmica Quântica na Rede: Simulando Quarks e Glúons no Computador

Tereza Mendes[1]

*Instituto de Física de São Carlos, Universidade de São Paulo*
*C.P. 369, CEP 13560-970, São Carlos SP*

**Resumo**

Simulações numéricas de Monte Carlo aplicadas à formulação de rede da cromodinâmica quântica (QCD) possibilitam o estudo da teoria a partir de primeiros princípios, de forma não perturbativa. Após duas décadas de desenvolvimento da metodologia para este estudo e com os atuais sistemas computacionais na faixa de Teraflops, simulações de QCD na rede têm hoje condições de fornecer previsões quantitativas com erros de poucos pontos porcentuais. Isto significa que estas simulações serão em breve a principal fonte de resultados teóricos para comparação com experimentos de física das interações fortes. É então um importante momento para o início da participação brasileira na área.

## 1 Introdução

A cromodinâmica quântica (QCD) é a teoria de gauge que descreve as interações fortes, presentes entre os hádrons (por exemplo prótons e nêutrons) [1]. A descrição é baseada em um modelo de partículas elementares — os **quarks** — dotados de "carga de cor" e interagindo por troca de campos de gauge — os **glúons**. Trata-se de uma teoria quântica de campos, com simetria local de gauge $SU(3)$, correspondendo a três possíveis cores. A QCD é escrita de forma simples e elegante. Seus parâmetros são apenas as massas dos vários tipos (chamados "sabores") de quarks considerados e o valor da constante de acoplamento forte. A não ser pela simetria sob o grupo de gauge $SU(3)$ [ao invés do grupo $U(1)$], a forma da lagrangiana da QCD é a mesma que a da eletrodinâmica quântica (QED), com os quarks correspondendo aos elétrons e os glúons aos fótons. (Os dois primeiros são férmions de spin 1/2 e os dois últimos são bósons vetoriais sem massa.) Analogamente, a constante de acoplamento forte $\alpha_s$ corresponde à constante de estrutura fina $\alpha \approx 1/137$. O fato de o grupo de gauge da QCD não ser abeliano introduz, porém, diferenças qualitativas entre as duas teorias, refletindo as diferenças entre as interações fortes e as interações eletromagnéticas. Em particular, obtém-se que os glúons possuem carga de cor e portanto interagem entre si, ao contrário dos fótons.

---

[1] Pesquisa financiada pela FAPESP, Proc. No. 00/05047-5.

Uma característica importante da interação forte é que a constante de acoplamento $\alpha_s$ torna-se desprezível somente no limite de pequenas distâncias, ou equivalentemente no limite de altas energias ou momentos. Esta propriedade é chamada de **liberdade assintótica**. A distâncias maiores (i.e. a energias menores) há um aumento da intensidade da interação e acredita-se que a grandes distâncias a força de atração entre quarks seja constante, determinando o **confinamento** de quarks e glúons dentro de hádrons. O fato de $\alpha_s$ não ser desprezível a baixas energias faz com que o estudo de fenômenos importantes como o mecanismo de confinamento, o espectro de massas dos hádrons e a transição de desconfinamento a temperatura finita seja inacessível a cálculos por teoria de perturbação, que se baseia em uma expansão a acoplamentos fracos. Estes fenômenos devem portanto ser estudados de maneira **não-perturbativa**.

O estudo não-perturbativo da QCD é possível na formulação de rede da teoria [2]. Nesta formulação — que consiste na quantização por meio de integrais de trajetória, na continuação para tempos imaginários ou euclidianos e na regularização de rede (dada pela discretização do espaço-tempo) — a teoria torna-se equivalente a um modelo de mecânica estatística clássica. O limite do contínuo, no qual são obtidos os resultados físicos, é dado pelo ponto crítico deste modelo, que pode ser estudado através dos métodos usuais em mecânica estatística. Em particular, podem ser aplicadas simulações numéricas de **Monte Carlo**, que se baseiam em uma descrição estocástica dos sistemas considerados [3]. Devido à maior complexidade da interação e ao grande número de graus de liberdade, estas simulações são muito mais elaboradas para a QCD do que para os modelos usuais em mecânica estatística, requerendo consideráveis recursos computacionais. De fato, é em geral necessária a simulação em potentes super-computadores paralelos, alguns dos quais foram projetados e produzidos especificamente para o estudo da QCD na rede, como o QCDSP nos EUA, o Hitachi/CP-PACS no Japão e o APE-Mille na Europa, todos com desempenho na faixa de Teraflops. Apenas recentemente tornou-se possível a simulação da QCD em sistemas de computadores de pequeno porte, os chamados **clusters de PCs**. Estes sistemas não apresentam ainda a mesma eficiência de paralelização das máquinas de arquitetura paralela, mas seu custo é muito menor. Além da potência computacional, são muito importantes nesta área as técnicas numéricas e analíticas utilizadas nas simulações e na interpretação dos dados produzidos. Progressos significativos têm sido alcançados através do desenvolvimento de algoritmos de simulação mais eficientes, de novos métodos de interpolação e extrapolação dos dados numéricos e de um melhor entendimento dos efeitos sistemáticos a que os resultados das simulações podem estar sujeitos, como efeitos de volume finito e efeitos de discretização.

Há atualmente um grande interesse nos resultados das simulações descritas acima e espera-se que sejam finalmente resolvidas diversas questões teóricas a respeito do modelo padrão e da QCD [4]. De fato, apesar da grande dificuldade computacional, estudos numéricos de QCD na rede têm fornecido importantes contribuições recentemente, como cálculos acurados da constante de acoplamento forte [5] e do espectro de massas hadrônicas [6]. Em particular, simulações de rede constituem a única evidência conhecida para a transição de desconfinamento de quarks a temperatura finita [7], sendo suas previsões de direto interesse para os atuais experimentos de busca de novos estados da matéria nos laboratórios Brookhaven e CERN.

Simulações da chamada QCD completa — i.e. incluindo efeitos de férmions dinâmicos — para massas de quarks na região dos valores físicos são ainda extremamente lentas, devendo em geral ser realizadas em super-computadores como os mencionados acima e envolvendo o esforço de colaborações nacionais, como a UKQCD no Reino Unido e a JLQCD no Japão. Os métodos utilizados nestas simulações, que levam em média muitos meses ou até alguns anos, são desenvolvidos através de estudos de versões simplificadas da teoria, como a QCD pura — a chamada aproximação *quenched*, em que são desprezados efeitos de férmions dinâmicos — e a teoria $SU(2)$ pura, ou modelos em dimensões mais baixas. A consideração deste tipo de problemas e o uso de clusters de PCs é o objetivo de nosso grupo de pesquisa no IFSC–USP.

## 2 A Formulação de Rede

Uma dificuldade no estudo da QCD, comum a virtualmente todas as teorias quânticas de campos, é o aparecimento de divergências ultra-violeta (i.e. para altas energias ou curtas distâncias) no cálculo de quantidades físicas [8]. Só após a remoção destes "infinitos" através de algum procedimento de renormalização são obtidos resultados finitos, que podem ser comparados aos experimentos. É necessário portanto primeiramente regularizar a teoria, escrevendo-a de modo que sejam isoladas as singularidades, para depois removê-las através de uma redefinição dos parâmetros da lagrangiana. A formulação da QCD na rede, introduzida em 1974 por Wilson [9], oferece uma regularização não-perturbativa conveniente, preservando a invariância de gauge da teoria. Quarks são representados em pontos da rede e glúons nos elos entre pontos vizinhos. Os campos gluônicos são dados por matrizes $SU(3)$. A ação de rede é escrita em termos de produtos das variáveis de elos ao longo de percursos fechados, de forma a preservar a simetria de gauge da ação original. Uma ótima introdução à QCD na rede é a Ref. [2]. Os ingredientes essenciais para a formulação de rede são:

1. O formalismo de integrais de trajetória de Feynman, em que os valores esperados dos observáveis de interesse são escritos como integrais sobre todos os graus de liberdade do problema, com um peso dado pela exponencial da ação clássica da teoria.

2. A formulação euclidiana, obtida pela continuação analítica da variável temporal a tempos imaginários. Desta forma a exponencial (complexa) oscilatória presente nas integrais descritas acima torna-se real e pode ser interpretada como uma distribuição de probabilidades.

3. A introdução da rede discreta para o espaço-tempo. Correspondentemente, operadores diferenciais são re-escritos como diferenças finitas dos campos discretizados.

A combinação dos dois primeiros ingredientes evidencia a equivalência de teorias quânticas de campo com a mecânica estatística clássica: no espaço euclidiano uma integral de trajetória para a teoria quântica equivale a uma média térmica para o sistema estatístico correspondente. Para a QCD, o quadrado da constante de acoplamento nua (*bare*) $g_0$ da teoria de campos corresponde diretamente à temperatura $1/\beta$ do modelo estatístico.

O terceiro ingrediente — a discretização de rede — representa uma regularização ultra-violeta. De fato, o espaçamento de rede $a$ corresponde a um corte para momentos altos, já que não podem ser representados na rede momentos acima de $\sim 1/a$. Desta forma são suprimidos os modos causadores de divergências e a teoria é bem definida, ou seja valores esperados de observáveis são finitos. Para que seja recobrada a teoria no espaço contínuo é preciso tomar-se o limite $a \to 0$. Neste processo é necessário "sintonizar" os parâmetros nus da teoria — por exemplo a constante de acoplamento nua $g_0$ — de forma que quantidades físicas (funções de correlação, massas, etc.) convirjam para valores finitos, que podem então ser comparados a experimentos. Em particular, comprimentos de correlação $\xi$ (correspondendo a massas inversas) medidos em unidades físicas — por exemplo fermis — devem tender a limites finitos à medida que o espaçamento $a$ (medido em fermis) tende a zero. Isto significa que o comprimento de correlação medido em unidades do espaçamento de rede $\xi/a$ deve tender a infinito. Em outras palavras, a teoria de rede considerada deve se aproximar de um ponto crítico, ou transição de fase de segunda ordem. O estudo do limite do contínuo em teorias quânticas de campo na rede é portanto análogo ao estudo de fenômenos críticos em mecânica estatística. A correspondência entre as teorias de campos euclidianas e a mecânica estatística clássica permite a aplicação de métodos usuais de física estatística ao estudo da QCD. Podem ser usadas, por exemplo, expansões de altas e baixas temperaturas, correspondendo respectivamente às expansões em acoplamentos fortes e fracos para a teoria de campos. Outro exemplo de interação entre teorias de campos e mecânica estatística é o método de grupo de renormalização, desenvolvido para ambas as áreas paralelamente [8]. Uma técnica estatística particularmente importante, sobretudo para a QCD, é a simulação de Monte Carlo, que permite um estudo não-perturbativo dos modelos considerados.

## 3 Simulação Numérica de Monte Carlo

Métodos de Monte Carlo são em geral utilizados para amostrar de maneira estocástica a distribuição de Boltzmann para um sistema estatístico [3]. São geradas no computador $N$ configurações para o sistema, de modo que cada configuração seja escolhida com probabilidade dada por seu peso de Boltzmann. A média de um observável sobre as $N$ configurações produzidas converge para o valor esperado (ou média termodinâmica) deste observável no limite $N \to \infty$. Para valores grandes (finitos) de $N$ obtêm-se valores centrais para as médias dos observáveis de interesse com um erro estatístico proporcional a $1/\sqrt{N}$. É possível portanto obter um erro arbitrariamente pequeno aumentando-se o número de configurações produzidas, ou seja aumentando-se o investimento computacional. A distribuição de Boltzmann pode ser definida através de um modelo para um sistema físico, especialmente se este sistema puder ser discretizado, seja naturalmente ou por uma aproximação. Em diversos exemplos a arte das simulações está na escolha (ou invenção) apropriada de um modelo, por exemplo a modelagem de polímeros através de passeios aleatórios. No caso de teorias de gauge na rede, como descrito na seção anterior, a distribuição de Boltzmann é dada diretamente a partir da lagrangiana (ou equivalentemente a ação) da teoria, sem aproximações além da discretização do espaço-tempo, permitindo portanto um estudo não-perturbativo a partir de primeiros princípios.

A fim de gerar configurações com o peso estatístico desejado, introduz-se em geral uma dinâmica markoviana para o sistema considerado, de forma que a cadeia de Markov resultante tenha como distribuição de equilíbrio a distribuição de Boltzmann para o sistema. Neste tratamento as médias termodinâmicas descritas acima são calculadas como médias temporais na dinâmica escolhida. A cada "instante de tempo" é sorteada uma nova configuração para o sistema, de maneira a respeitar a distribuição (de equilíbrio) apropriada. A não ser por esta restrição, as atualizações que determinam a dinâmica podem ser escolhidas da maneira que for mais conveniente, sem coincidir necessariamente com a dinâmica física para o sistema fora do equilíbrio. Parte-se de uma condição inicial geral e segue-se a seqüencia temporal por aplicações sucessivas da operação de atualização, que gera uma nova configuração a partir da atual. É comum portanto pensar no sistema simulado como evoluindo por conta própria e freqüentemente diz-se que os observáveis são "medidos" ao invés de calculados. Há também o erro estatístico associado ao método estocástico, como mencionado acima, e devem ser aplicadas análises de erro para determinar a precisão final do resultado. Estas características destacam as semelhanças com o estudo experimental, sendo inclusive usados os mesmos métodos de análise dos dados. É preciso lembrar porém que se tratam de "experimentos" numéricos, feitos a partir da teoria (no caso da QCD) ou a partir de um modelo para o sistema físico (no caso da mecânica estatística).

A simulação de teorias de gauge na rede, em particular a QCD, constitui uma das áreas de aplicação mais intensiva das simulações de Monte Carlo [3, Cap. 11]. Como dito na Introdução, esta modalidade de estudo torna-se crucial para a QCD, já que não é possível o tratamento perturbativo da teoria nas regiões de energia de interesse. Apesar da similaridade dos métodos, a simulação de Monte Carlo para teorias de gauge é muito mais complexa do que no caso dos modelos usuais de mecânica estatística, requerendo grande esforço computacional e técnicas numéricas específicas para a produção dos dados. Além disso, a interpretação física dos dados gerados depende da correta extrapolação ao limite do contínuo, ou seja é preciso "voltar" para o espaço contínuo após a simulação na rede. Mais especificamente, é necessária a consideração de três limites para que os resultados físicos desejados possam ser obtidos a partir dos dados das simulações:

- **O limite de volume infinito (ou limite termodinâmico):** Assim como para a mecânica estatística, simulações da QCD são feitas em volumes finitos de rede, já que a memória do computador é finita. O volume da rede deve então ser suficientemente grande em relação à distância física relevante para o problema estudado, de forma que os efeitos de volume finito não sejam apreciáveis. (Correspondentemente, não podem ser consideradas energias ou momentos pequenos demais, já que a rede finita equivale a um corte infravermelho.) Efeitos de volume finito podem em geral ser estimados através de uma análise de escala de tamanho finito (*finite-size scaling*) para os dados. Para as simulações da QCD são em geral suficientes redes de lado $L \approx 7\,fm$.

- **O limite do contínuo:** Para que seja recuperada a física original do contínuo é preciso tomar-se o limite $a \to 0$. Ao mesmo tempo, as quantidades calculadas devem ser renormalizadas, ou seja redefinidas de forma a gerar resultados finitos no limite do contínuo. Isto pode ser feito de forma não-perturbativa utilizando-se os valores físicos de alguns observáveis, conhecidos experimentalmente. Por exemplo, escrevendo-se a massa do píon calculada na rede como $m_\pi a$ (onde $m_\pi$ é a massa física), obtém-se o valor do corte ultra-violeta $a$ em unidades físicas. As outras quantidades calculadas podem então ser escritas da mesma forma em termos de $a$ (que tende a zero) e "traduzidas" em unidades físicas, gerando valores (físicos) finitos. Na prática, o valor de $a$ deve ser suficientemente pequeno quando comparado à distância relevante para o problema, por exemplo $a \approx 0.05\,fm$. É importante notar que são possíveis diversas discretizações para a ação, podendo ser usadas as chamadas ações melhoradas (*improved actions*), que convergem para a ação do contínuo mais rapidamente, ou seja para valores maiores de $a$. (São também possíveis diversas discretizações para os campos fermiônicos.)

- **O limite quiral:** É bastante difícil considerar valores físicos para as massas dos quarks nas simulações. Isto ocorre especialmente para os quarks leves (up e down), que possuem massas próximas a zero, o chamado limite quiral. As simulações são em geral feitas para massas maiores e os resultados são posteriormente extrapolados usando-se a teoria de perturbação quiral.

Os limites acima não são independentes, pois para atingir o limite do contínuo e para que sejam consideradas massas pequenas para os quarks é necessário um número suficientemente grande de pontos na rede (correspondendo a um espaçamento de rede suficientemente pequeno e a um tamanho físico suficientemente grande para a rede), o que aumenta muito o investimento computacional. Por exemplo, com os algoritmos atuais, uma simulação com os valores de $L$ e $a$ ideais acima e para valores físicos das massas de quarks duraria [12] aproximadamente 300 anos em um super-computador com potência de $1\,Tflop$, correspondente às máquinas mais rápidas existentes hoje.[2] Com o emprego de ações melhoradas e fazendo uso da extrapolação ao limite quiral, a mesma simulação pode ser realizada em 2 anos. Estas simulações são bem mais rápidas para o chamado caso *quenched*, em que as configurações são produzidas considerando-se quarks de massa infinita, ou seja sem levar em

---

[2] Um Teraflop ($Tflop$) equivale a $10^{12}$ operações de ponto flutuante por segundo.

conta efeitos de férmions dinâmicos. (Note que os observáveis calculados para cada configuração ainda podem incluir os quarks desejados, os quais são então chamados de quarks de valência.) Apesar de corresponder a uma aproximação grosseira (e sobre a qual não temos controle), verifica-se em muitos casos que o caso quenched apresenta poucas correções em relação à QCD completa, indicando que nestes casos o efeito de férmions dinâmicos é pequeno. Hoje em dia podem ser realizadas simulações do caso quenched com boa precisão e encontram-se também em andamento diversas simulações da QCD com quarks dinâmicos, para diversas discretizações do operador de Dirac.

# 4 Progressos em QCD na Rede

Os progressos na área são divulgados anualmente na conferência *Lattice* [10]. São descritas abaixo brevemente três contribuições importantes da QCD na rede para a confirmação/previsão de resultados experimentais.

- **Constante de acoplamento forte:** A constante de acoplamento forte $\alpha_s(\mu_0)$, tomada a uma escala de referência fixa $\mu_0$, é o único parâmetro livre da QCD e deve portanto ser conhecida com a mais alta precisão possível. Simulações numéricas de QCD na rede são capazes hoje em dia de produzir cálculos para $\alpha_s$ com precisão comparável à experimental ou melhor. Estes resultados são atualmente incluídos na média mundial para esta quantidade [5]. O valor de $\alpha_s$ deveria também ser determinado com boa precisão ao longo de um intervalo de escala tão grande quanto possível, descrevendo o comportamento da interação entre os regimes não-perturbativo (acoplamento forte) e perturbativo (acoplamento fraco). Vários métodos para cálculo da constante forte *running* vêm sendo explorados, tanto na QCD quenched como na teoria completa. Uma revisão recente destes métodos é feita em [11].

- **Espectro hadrônico:** É possível obter valores físicos para massas hadrônicas a partir de simulações da QCD na rede, como descrito acima. Para isso devem ser ajustados os $n_f + 1$ parâmetros da teoria onde $n_f$ é o número de sabores de quarks considerados. Consequentemente, devem ser usados $n_f + 1$ resultados experimentais conhecidos e os cálculos restantes serão previsões da simulação numérica. O espectro de massas para os hádrons leves (incluindo os dois quarks leves e o quark estranho) foi determinado para o caso quenched com grande precisão em [6]. Verifica-se que não há concordância com o espectro experimental, mas que as discrepâncias observadas são de apenas 10%, no máximo. Vemos portanto que a diferença introduzida pela aproximação quenched é apenas quantitativa. Cálculos semelhantes encontram-se em andamento para o caso da QCD completa.

• **Transição de fase na QCD:** A transição de fase prevista para a QCD a altas temperaturas é claramente observada em simulações da QCD na rede [7]. Para o caso quenched estuda-se a transição de desconfinamento propriamente dita, enquanto que para a QCD completa deve ser considerada a transição de restauração da simetria quiral, uma simetria exata da lagrangiana no limite de massa zero para os quarks e que é quebrada espontaneamente a baixas temperaturas. Estudos da QCD pura (aproximação quenched) são feitos com alta precisão para a determinação da temperatura crítica e da equação de estado termodinâmica do sistema. São encontradas neste caso diferenças qualitativas entre a QCD pura e a QCD completa.

## 5 QCD na Rede no IFSC–USP

Desde o início de 2001 temos desenvolvido um projeto de simulações numéricas de teorias de gauge na rede no IFSC–USP, com financiamento da FAPESP [13]. O projeto envolveu a instalação de um cluster de PCs com 16 nós de processamento, com CPU Pentium III (de 866 MHz) e 256 MB de memória.[3] Temos efetuado simulações produtivas desde Julho de 2001 e recentemente iniciamos simulações paralelas intensivas. Consideramos aplicações que requerem moderado poder computacional, como vários problemas para a teoria $SU(2)$ pura. Em particular, propomos um novo método de estudo da constante de acoplamento runnning $\alpha_s$, baseado no cálculo de propagadores de glúons e de ghosts [11]. Também estamos realizando estudos numéricos das propriedades infravermelhas da QCD (através do estudo do comportamento de propagadores de glúons e de ghosts neste limite), de técnicas de fixação do gauge na rede, da transição quiral para a QCD no caso de dois férmions dinâmicos [em que são previstas analogias com o modelo de spins $O(4)$], da transição de fase eletro-fraca e de aspectos de modelos de spins e percolação.

## Agradecimentos

Agradeço a colaboração de Attilio Cucchieri na preparação deste manuscrito.

---

[3] A potência computacional resultante é de aproximadamente 14 $Gflops$.

# Referências

[1] *An Elementary Primer for Gauge Theory*, K. Moriyasu, (World Scientific, Cingapura, 1983).

[2] *Lattice gauge theories. An introduction*, H.J. Rothe, (World Scientific, Cingapura, 1997).

[3] *A guide to Monte Carlo simulations in Statistical Physics*, D.P. Landau e K. Binder, (Cambridge University Press, Cambridge, 2000).

[4] *Opportunities, challenges, and phantasies in lattice QCD*, F. Wilczek, apresentado na *Lattice 2002*, Boston, EUA, 24–29 de Junho de 2002, http://arXiv.org/abs/hep-lat/0212041.

[5] *Quantum chromodynamics*, I. Hinchliffe, em *Review of particle physics*, Particle Data Group (K. Hagiwara et al.), Phys. Rev. D 66 (2002) 010001.

[6] *Quenched light hadron spectrum*, S. Aoki et al. (colaboração CP-PACS), Phys. Rev. Lett. 84, 238 (2000).

[7] *Lattice QCD at high temperature and density*, F. Karsch, Lect. Notes Phys. 583, 209 (2002).

[8] *Quantum and Statistical Field Theory*, M. Le Bellac, (Oxford University Press, Oxford, 1995).

[9] *Confinement of Quarks*, K.G. Wilson, Phys. Rev. D10, 2445 (1974).

[10] Anais do *International Symposium on lattice field theory*, Nucl. Phys. B (Proc. Suppl.) 106–107 (2002) e anos anteriores.

[11] *Lattice simulations for the running coupling constant of QCD*, A. Cucchieri, apresentado na *Hadrons 2002*, Bento Gonçalves RS, 14–19 de Abril de 2002, http://arXiv.org/abs/hep-lat/0209076.

[12] *Progress in lattice gauge theory*, S.R. Sharpe, em *Vancouver 1998, High energy physics*, vol. 1, 171–190, http://arXiv.org/abs/hep-lat/9811006.

[13] http://lattice.if.sc.usp.br/.

Placa comemorativa dos 50 anos do Instituto de Física Teórica.

# Comunicações Orais

# Teoria de Perturbações na Cosmologia Pseudo-Newtoniana com Constante Cosmológica

Ronaldo Carlotto Batista

**Resumo**

O objetivo principal deste trabalho é a construção de equações para perturbações na cosmologia pseudo-newtoniana, incluindo a constante cosmológica e os termos de pressão. Também é investigado as conseqüências dos termos de pressão e constante cosmológica, estudando a influência dos mesmos na expansão do universo e na evolução das perturbações de densidade. Uma análise final é realizada através da comparação entre os resultados da cosmologia pseudo-newtoniana e os do tratamento relativístico.

## 1 Introdução

Em 1934, Milne [1] e Milne e McCrea [2] obtiveram análogos newtonianos aos modelos em expansão de Friedmann - Robertson - Walker (FRW) para um universo sem pressão, desta forma iniciando a chamada Cosmologia Newtoniana. Apesar das limitações destes modelos newtonianos sem pressão, eles tem grande relevância, principalmente pedagógica, uma vez que descrevem as principais características do universo de uma forma mais simplificada quando comparados com o tratamento relativístico.

Já em 1965, Harrison [3] determinou as equações newtonianas com os termos de pressão, usando conceitos da relatividade restrita, tal abordagem pode ser designada como cosmologia pseudo-newtoniana. Contudo, esta teoria apresentava problemas no estudo das perturbações. Em 1996 Lima et. al [4], mostraram que a equação da continuidade deveria ser modificada, assim as equações da teoria para um fluido perfeito em expansão tomariam a forma (com c=1):

$$\frac{\partial \rho}{\partial t} + \vec{\nabla} \cdot (\rho \vec{v}) + p \vec{\nabla} \cdot \vec{v} = 0 , \qquad (1)$$

$$\frac{\partial \vec{v}}{\partial t} + (\vec{v} \cdot \vec{\nabla}) \vec{v} = -\vec{\nabla} \phi - \frac{\vec{\nabla} p}{\rho + p} , \qquad (2)$$

$$\nabla^2 \phi = 4\pi G (\rho + 3p) , \qquad (3)$$

onde $\rho$, $\vec{v}$, $p$ e $\phi$ são, respectivamente, a densidade, a velocidade, a pressão e o potencial gravitacional do fluido.

## 2 Modelo para a constante cosmológica

Segundo observações recentes (Riess et. al [5]), o universo está em expansão acelerada. Tal fato deu novo ânimo para modelos com energia escura, a qual pode ser representada por um fluido perfeito com equação de estado $p = -\rho$. Como as equações da cosmologia pseudo-newtoniana são, basicamente, as equações clássicas da dinâmica de fluidos mais a equação de Poisson para a gravitação, a forma mais natural de incluir a energia escura neste modelo é com um fluido de fundo representado pela constante cosmológica, de densidade $\rho_\Lambda = \frac{\Lambda}{8\pi G}$, o qual, por hipótese, não interage com a matéria ou radiação. Com isso, vamos definir, assim como na descrição de superfluido de Landau e Lifschitz [6], um modelo para dois fluidos com quantidades efetivas:

$$\tilde{\rho} = \rho + \rho_\Lambda \quad, \tilde{\rho}\vec{\tilde{v}} = \rho\vec{v} + \rho_\Lambda \vec{v}_\Lambda \quad, \tilde{p} = p + p_\Lambda \ ,$$

onde as quantidades sem índices estão associadas à matéria ou radiação.

Considerando que a velocidade do fluido associado à cosntante cosmológica é a mesma do fluido ordinário (radiação ou matéria), isto é, $\vec{v}_\Lambda = \vec{v}$, e que não há conversão entre a matéria ou radiação e a constante cosmológica, temos duas equações de continuidade, uma para $\rho$ e outra para $\rho_\Lambda$, mais as equações (2) e (3) em função das quantidades efetivas. Assim, sendo a velocidade dos fluidos dada por $\vec{v} = \frac{\dot{a}}{a}\vec{r}$, onde $a$ é o fator de escala, podemos derivar equações de Friedmann, aqui escritas em função do parêmetro de Hubble ($H = \dot{a}/a$):

$$H^2 = \frac{8\pi G}{3}\tilde{\rho} - \frac{K}{a^2} \ , \tag{4}$$

$$\dot{H} = -H^2 - \frac{4\pi G}{3}(\tilde{\rho} + 3\tilde{p}) \ . \tag{5}$$

Com estas equações, mais uma equação de estado genérica, $p = \nu\rho$, com $\nu$ constante, podemos determinar as funções de densidade, pressão, potencial gravitacional e o fator de escala, todos dependentes apenas do tempo. Tais resultado são idênticos aos obtidos pelo tratamento relativístico.

## 3 Teoria de Perturbações

Vamos investigar como evoluem as estruturas formadas em um universo plano ($K = 0$) e com $\Lambda$ constante. Para tal, vamos considerar perturbações de primeira ordem para o fluido ordinário nas equações (1)-(3), supomos que $\delta\rho_\Lambda = 0$. Sejam as perturbações:

$$\rho = \rho_b(t)[1 + \delta(\vec{r}, t)] \ , \tag{6}$$

$$p = p_b(t) + \delta p(\vec{r}, t) \ , \tag{7}$$

$$\phi = \phi_b(t) + \varphi(\vec{r}, t) \ , \tag{8}$$

$$\vec{v} = \vec{v_b} + \vec{u}(\vec{r}, t) \ , \tag{9}$$

onde as quantidades com subíndice $b$ se referem às soluções homogêneas das quantidades efetivas não perturbadas e as outras funções descrevem as perturbações de cada quantidade.

Inserindo as quantidades perturbadas nas equações (1)-(3), escritas em função das quantidades efetivas, podemos determinar a equação que rege a evolução das perturbações de densidade (mesmo procedimento tomado em [4]). Desta forma, obtemos a seguinte equação em função do fator de escala

$$\delta'' + \left[\frac{\dot{H}}{H^2} + 3\right]\frac{1}{a}\delta' + \left[\frac{v_s^2 k^2}{a^2 H^2} - \frac{4\pi G \rho_b (1+\nu)(1+3\nu)}{H^2}\right]\frac{1}{a^2}\delta = 0 \, , \qquad (10)$$

onde $k$ é o número de onda da perturbação, $v_s$ é a velocidade do som no fluido de equação de estado $p = \nu\rho$ e a linha (') indica derivada em relação ao fator de escala.

## 4 Soluções

Vamos analisar as perturbações de densidade descritas pela equação (10) em três fases distintas do universo, caracterizadas pela desidade de energia dominante.

*Fase dominada pela radiação*

Nesta era desconsideramos a densidade de energia da matéria, tendo $\nu = 1/3$. Assim, obtemos de (4) e (5)

$$H^2 = H_0^2 \left[\Omega_r (a_0/a)^4 + \Omega_\Lambda\right] \, , \quad \dot{H} = -2H_0^2 \Omega_r (a_0/a)^4 \, , \qquad (11)$$

onde $\Omega_r$ e $\Omega_\Lambda$ são os parâmetros de densidade. Segundo Coles e Lucchin [7], $\Omega_r \sim 10^{-5}$ e $\Omega_m \sim 0,3$, além disso vamos admitir que $\Omega_\Lambda \sim 0,7$ de modo que $\Omega = 1$. Assim, a equação (10), na fase dominada pela radiação, fica na forma

$$\delta_r'' + \left[\frac{2\Omega_\Lambda}{\Omega_r (a_0/a)^4 + \Omega_\Lambda} + 1\right]\frac{1}{a}\delta_r' + \left[\frac{v_s^2 k^2}{a^2 H^2} - \frac{4\Omega_r (a_0/a)^4}{\Omega_r (a_0/a)^4 + \Omega_\Lambda}\right]\frac{1}{a^2}\delta_r = 0 \, . \quad (12)$$

Esta é a equação do modelo pseudo-newtoniano que determina a evolução das perturbações na radiação, na fase dominada por esta, a qual não está de acordo a equação análoga obtida pelo tratamento relativístico tomado por Vale e Lemos [8].

Porém, tendo em vista que, para o período que a radiação domina a densidade de energia do universo, $\Omega_\Lambda a^4 \ll \Omega_r (a_0)^4$, as perturbações na radiação de grande comprimento de onda evoluem com

$$(\delta_r)_{cres} \sim a^2 \, , \quad (\delta_r)_{dcres} \sim a^{-2} \, . \qquad (13)$$

Na mesma situação, o tratamento relativístico concorda com o modo crescente da perturbação, mas o modo decrescente é $\sim a^{-1}$. Do ponto de vista da formação de estruturas cosmológicas, os resultados são compatíveis, uma vez que estamos mais interessados no modo crescente da solução. O fato da não concordância das soluções pseudo-newtoniana e relativística para o modo decrescente pode estar associado à escolha de gauge na teoria relativística, tal assunto é abordado por Hwang e Noh [9].

*Fase dominada pela matéria*

Agora vamos tomar a densidade de energia da radiação muito pequena quando comparada à densidade da matéria. Neste caso teremos as equações de Friedmann dadas por:

$$H^2 = H_0^2 \left[\Omega_m(a_0/a)^3 + \Omega_\Lambda\right] \;,\quad \dot{H} = -\frac{3}{2}H_0^2\Omega_m(a_0/a)^3 \;, \qquad (14)$$

Então, substituindo estas na equação (10), tomando $\nu = 0$ mas mantendo $v_s^2$, teremos a equação do modelo pseudo-newtoniano que determina a evolução das pertubações na era dominda pela matéria:

$$\delta_m'' + \left[\frac{3\Omega_m(a_0/a)^3 + 6\Omega_\Lambda}{2\Omega_m(a_0/a)^3 + 2\Omega_\Lambda}\right]\frac{1}{a}\delta_m' + \left[\frac{v_s^2 k^2}{a^2 H^2} - \frac{3}{2}\frac{\Omega_m(a_0/a)^3}{\Omega_m(a_0/a)^3 + \Omega_\Lambda}\right]\frac{1}{a^2}\delta_m = 0 \;. \qquad (15)$$

Esta equação é idêntica à equação obtida via tratamento relativístico (veja [8]) e, no caso que $\Omega_\Lambda a^3 \ll \Omega_m(a_0)^3$, recuperamos os resultados obtidos no modelo sem constante cosmológica. Por exemplo, para $\frac{v_s^2 k^2}{a^2 H^2} \ll 1$, temos

$$(\delta_m)_{cres} \sim a^1 \;,\quad (\delta_m)_{dcres} \sim a^{-3/2} \;. \qquad (16)$$

*Era dominada pela constante cosmológica*

No caso em que a densidade de energia associada à cosntante cosmológica passa a ser dominante sobre a matéria, teremos $H^2 = \frac{\Lambda}{3}$. Então, a equação (15), para $\frac{v_s^2 k^2}{a^2 H^2} \ll 1$, se reduz à forma

$$\delta_m'' + \frac{3}{a}\delta_m' = 0 \;, \qquad (17)$$

cujas soluções são

$$(\delta_m)_{cres} \sim a^0 \;,\quad (\delta_m)_{dcres} \sim a^{-2} \;. \qquad (18)$$

É possível observar que, para esta fase, os modos crescentes das pertubações descritas por (18) podem crescer muito pouco e então ficam estáveis, mas eles fundamentalmente ficam estáveis. Este fato não ocorre para os modos crescentes de (16), que podem ter taxa de crescimento maior. Portanto, a constante cosmológica provoca a uma desaceleração o crescimento destas perturbações.

## 5 Conclusões

Neste trabalho utilizamos uma teoria pseudo-newtoniana para descrever um modelo simples de universo, no qual invetigamos o comportamento das perturbações de primeira ordem na densidade de energia associada à radiação ou matéria. Primeiramente podemos constatar que o modelo utilizado é operacionalmente mais simples que os baseados na teoria relativística completa. Contudo, devemos ressaltar que ocorrem discrepâncias entre os tratamentos na fase dominada pela radiação, o que não se repete para as outras duas fases. Também mostramos que a constante cosmológica inibe o crescimento das pertubações de densidade.

## 6 Referências

[1] Milne E. A., 1934, Quart. J. Math., 5, 64.

[2] Milne E. A., McCrea W. H., 1934, Quart. J. Math., 5, 73.

[3] Harrison E. R., 1965, Annals of Phys., 35, 437.

[4] J. A. S. Lima, V. Zanchin and R. Brandenberger, *Mont. Not. RAS* **291** (1997) L1–L4.

[5] A.G. Riess et. al, Astrophysics Journal **560** (2001), 49-71

[6] Landau and Lifshitz, Fluid Mechanics. Pergamon Press, 1959.

[7] P. Coles, F. Lucchin, 1995, Cosmology. John Wiley, New York.

[8] A. Vale, J. P. S. Lemos, *Mont. Not. RAS* **325** (2001) L197–L204

[9] Hwang. J, Noh. H, 1997, astro-ph/9701137

*Agradecimentos*

Este trabalho foi desenvolvido sob orientação do Prof. Vilson Zanchin como atividade de iniciação científica, período parcial no qual fui bolsista PIBIC/CNPq na Universidade Federal de Santa Maria.

# A Equação de Estado de um Sistema com Interação Aplicada à Cosmologia

## L. G. Medeiros[1] , R. R. Cuzinatto e R. Aldrovandi

# 1 Resumo

O objetivo deste trabalho é tentar obter uma equação de estado a altas temperaturas e aplicá-la ao período pré-nucleossíntese cosmológico ($kT \geq 4MeVs$). Sabemos que fótons produziram pares de partículas em larga escala, em particular nucleons a antinucleons. Sabemos também que estes nucleons interagem através da força nuclear forte. Baseados nestas informações, vamos supor que o conteúdo relevante do universo pré-nucleossíntese possa ser modelado por um gás de fótons juntamente com um gás clássico de nucleons com interação.

# 2 Equação de Estado

A equação de estado de um sistema termodinâmico é uma equação que relaciona a pressão com a densidade e a temperatura.

No modelo de gás de fótons mais gás de nucleons com interação, a pressão do sistema pode ser escrita como,

$$p(kT, n) = p_\gamma(kT) + p_p(kT, n), \tag{1}$$

sendo $T$ a temperatura, $n$ a densidade de nucleons, $p_\gamma$ a pressão do gás de fótons e $p_p$ a pressão do gás de nucleons.

Note que a temperatura é a mesma para a $p_\gamma$ e $p_p$ porque a altas temperaturas podemos considerar o sistema todo termalizado.

A pressão dos fótons é facilmente obtida através da termodinâmica de corpo negro:

$$p_\gamma(kT) = \frac{\pi^2}{45\ \hbar^3 c^3}(kT)^4. \tag{2}$$

Resta-nos então determinar qual a forma da pressão $p_p$ do gás de nucleons.

---

[1]soleo1@ift.unesp.br

Dentro de algumas restrições, um sistema termodinâmico clássico não relativístico, que tenha interação entre seus constituintes, pode ter sua equação de estado descrita pela expansão do virial.

$$p = nkT \sum_{l=1}^{\infty} a_l(T)(n\lambda^3)^{l-1}, \qquad (3)$$

sendo $\lambda$ o comprimento de onda térmico e $n$ a densidade.

Os coeficientes $a_2$ e $a_3$ são representados pelas seguintes integrais:

$$a_2 = -\frac{2\pi}{\lambda^3} \int (e^{-u(r)/kT} - 1) r^2 dr \quad \text{e} \qquad (4)$$

$$a_3 = \frac{-1}{3\lambda^6} \iint f_{12} f_{13} f_{23} d^3 r_{12} d^3 r_{13} \qquad (5)$$

onde $f_{ij} = e^{-u_{ij}/kT} - 1$ e $u(r)$ é uma função potencial.

É importante notar que o primeiro termo de correção, $a_2$, leva em conta apenas as interações 2 a 2 entre as partículas, e o segundo termo, $a_3$, leva em conta apenas as interaçães 3 a 3. Portanto para um gás não muito denso e um potencial de alcance finito, apenas as primeiras ordens de correção já fornecem um bom resultado para a equação de estado do sistema.

Como sabemos que a interação nuclear é de curto alcance, vamos supor que a pressão $p_p$ do gás de nucleons é bem representada pelos três primeiros termos de (3).

$$p_p = nkT \left[ 1 + a_2(T) n\lambda^3 + a_3(T) n^2 \lambda^6 \right] \qquad (6)$$

Para o cálculo de $a_2$ e $a_3$, devemos saber qual o forma do potencial que representa a interação nuclear.

Por facilidade de cálculo, vamos propor um potencial nuclear simplificado como mostrado na $figura$ 1.

Com o auxílio de alguns dados experimentais do dêuteron (energia de ligação, raio médio e phase shift), e utilizando mecânica quântica, pode-se determinar o valor dos três parâmetros como $b = 1.311 \; fm$, $c = 0,4 \; fm$ e $V_0 = 75,6 \; MeVs$.

Logo utilizando a potencial nuclear, dado na $figura$ 1, nas equações (4) e (5) obtemos uma equação de estado tipo $p(kT, n_p)$ que representa o modelo de gás de fótons mais gás de nucleons interagentes.

$$p(kT, n) = \frac{\pi^2 (kT)^4}{45 \; \hbar^3 c^3} + nkT \left[ 1 + a_2 n \lambda^3 + a_3 n^2 \lambda^6 \right]. \qquad (7)$$

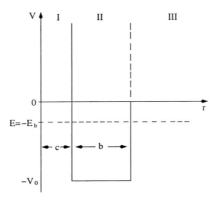

Figura 1: Potencial nuclear com 3 regiões distintas.

O próximo passo é determinarmos a densidade de nucleons como função da temperatura $n(kT)$.

Para energias acima de $20 MeV$ [4], encontramos fótons com energias suficientes para garantir o equilíbrio das reações de produção de pares de nucleons,

$$\gamma + \gamma \longleftrightarrow N + \overline{N}. \tag{8}$$

Logo utilizando a abordagem do equilíbrio químico determinamos a densidade dos nucleons como,

$$n(kT) = \frac{-g}{8a_2\lambda^3}\left\{\left[1 - 4a_2 e^{-mc^2/kT}\right]^2 - 1\right\}. \tag{9}$$

## 3 A Função Pressão $p(kT)$

Com o auxílio da equação (9), podemos reescrever a equação de estado (7) como:

$$p(kT) = \frac{\pi^2 (kT)^4}{45\ \hbar^3 c^3} + nkT\left[1 + a_2 n\lambda^3 + a_3 n^2 \lambda^6\right], \tag{10}$$

Observe que a densidade $n$ dos nucleons é função da energia $kT$.

Graficando a função $p(kT)$, como mostrado na $figura\ 2$, segue.

Note-se a existência de uma pressão negativa para energias superiores a cerca de $300 MeV$.

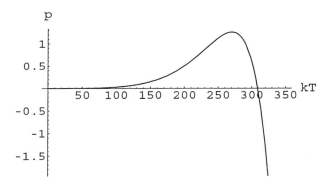

Figura 2: Gráfico da pressão pela energia, onde a pressão estáem unidades de $MeV/\lambda_c^3$ e a energia estáem unidade de $MeV$. Lembre que $\lambda_c$ é chamado de comprimento de onda Compton.

## 4 Conclusões e Problemas do Modelo

A correção que fizemos na forma da equação da pressão é uma tentativa de encontrar um mecanismo físico para uma pressão negativa, responsável por uma eventual inflação no universo primordial. Segundo uma equação de estado tipo

$$p = (\gamma - 1)\epsilon, \qquad (11)$$

onde $\epsilon$ é a densidade de energia total. Teremos um estágio inflacionário na cosmologia quando

$$0 \leqslant \gamma \leqslant \frac{2}{3}. \qquad (12)$$

Se usarmos em (11) a função pressão corrigida $p(kT)$ da $figura$ 2, encontramos o seguinte gráfico mostrado na $figura$ 3, para o parâmetro $\gamma$.

Os valores de $kT$ que respeitam a condição $0 \leq \gamma \leq 2/3$ são $340 \lesssim kT \lesssim 385 MeV$, e para esses valores obtemos a pressão negativa que incidentalmente pode levar a uma inflação do tipo lei de potência.

## Referências

[1] J. V. Narlikar, *Introduction to Cosmology,* 3nd ed., Cambridge University Press, Cambridge, 2002.

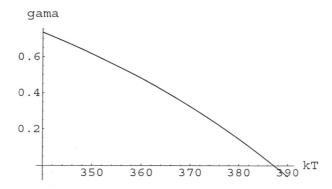

Figura 3: Gráfico da função $\gamma_R(kT)$ pela energia $kT$ em $MeV$.

[2] R.K. Pathria, *Statistical Mechanics,* 2nd. ed., Butterworth Heinemann, Oxford, 2001.

[3] H. Enge, *Introduction to nuclear physics,* Addison-Wesley,1966.

[4] Ya. B. Zeldovich and I. D. Novikov, *Relativistic Astrophysics II: The Structure and Evolution of the Universe,* University of Chicago Press, 1981.

# Seções de choque elásticas do átomo de Hélio por impacto de elétrons de energias intermediárias

Genaro G. Z. Torres, Jorge L. S. Lino

Núcleo de Pesquisas em Matemática e Matemática
Aplicada, Universidade Braz Cubas UBC, Campus I,
08773-380, Mogi das Cruzes, São Paulo, Brazil

## Resumo

Apresentamos seções de choque diferenciais elásticas do átomo de Hélio por impacto de elétrons na faixa de 50 eV até 200 eV. Utilizamos o princípio variacional de Schwinger com ondas planas na função de base e o termo de troca tem sido tratado pelo modelo de Born-Ochkur. Nossos resultados comparados com dados experimentais e teóricos indicam uma satisfatoria concordância.

## 1 Introdução

Nos últimos anos, um grande número de atividades têm sido concentradas na determinação de seções de choque de átomos e moléculas por impacto de elétrons [1]. Por exemplo, é no estudo de descargas elétricas em meios gasosos que o interesse científico e tecnológico é amplo [2]. O conhecimento dessas descargas é extremamente útil em pesquisas relacionadas a ionosfera da Terra e outros planetas, e também em tecnologia de Lasers [3]. Recentemente, o chamado princípio variacional de Schwinger (PVS) tem sido otimizado tendo como objetivo verificar a qualidade da função de onda tentativa, isto é, no tradicional PVS a função de onda pode ser expandida como um conjunto de gaussianas cartesianas para representar o espalhamento[4]. No entanto, para um alvo com potencial de longo alcance (por exemplo $H_2O$, $NH_3$ ou transições permitidas por dipolo) verifica-se que o PVS usando gaussianas cartesianas não apresenta "seções de choque eficazes" devido o caráter de curto alcance das gaussianas. Recentemente, estudamos o uso de uma combinação de ondas planas na função de base e testamos seu desempenho para alvos como $H_2$, $CH_4$, $C_2H_4$, $SiH_4$, $H_2O$ [5] e $NH_3$ [6] para o nível estático de aproximação. Com o intuito de analisar o PVS com ondas planas (chamaremos aqui o formalismo de PVS-OP) resolvemos explorar dois casos distintos, a região de energias intermediárias do elétron incidente ($\geq$ 50 eV) e o modelo de troca Born-Ochkur combinado com o PVS-OP (tal procedimento pode ser útil para um estudo mais adequado usando o formalismo na forma completamente *ab-initio*).

No presente trabalho o alvo a ser estudado é o " He" e adotaremos o seguinte esquema. Na seção 2 apresentaremos o formalismo necessário para a compreensão do PVS-OP e na seção 3 apresentamos nossos resultados.

## 2 Formalismo

O PVS-OP usado tem sido discutido nos trabalhos anteriores e faremos portanto um resumo [5, 6, 7]. A Hamiltoniana para o processo de colisão pode ser escrita na forma

$$H = (H_N + T_{N+1} + V) = H_o + V \tag{1}$$

onde $H_N$ é a Hamiltoniana do alvo, $T_{N+1}$ é o operador energia cinética do elétron incidente e V representa a interação do elétron incidente com o alvo. No PVS para o espalhamento "elétron-alvo" a forma variacional é representada como [4]

$$\begin{aligned}[f(\vec{k}_f, \vec{k}_i)] = & -\frac{1}{2\pi}\{< S_{\vec{k}_f} \mid V \mid \Psi^{(+)}_{\vec{k}_i} > + < \Psi^{(-)}_{\vec{k}_f} \mid V \mid S_{\vec{k}_i} > \\ & - < \Psi^{(-)}_{\vec{k}_f} \mid V - VG_0^{(+)}V \mid \Psi^{(+)}_{\vec{k}_i} >\}\end{aligned} \tag{2}$$

O funcional acima, usualmente referido como forma bilinear do PVS, apresenta características formais essenciais como a imposição estacionária da amplitude de espalhamento, que levará às corretas equações de espalhamento. $\mid S_{\vec{k}_i} >$ representa o "canal" de entrada (saída para $\vec{k}_f$) e $G_0^{(+)}$ é a projetada função de Green, isto é,

$$G_0^{(+)} = \int d^3k \frac{\mid \Phi_0 \vec{k} >< \vec{k}\Phi_0 \mid}{(E - H_0 + i\epsilon)} \tag{3}$$

Nosso processo consiste em usar funções tentativas do tipo combinação de ondas planas na forma

$$\mid \Psi^{(+)}_{\vec{k}_i} > = \sum_m a_m(\vec{k}_m) \mid \Phi_0 \vec{k}_m > \tag{4}$$

$$| \Psi_{\vec{k}_f}^{(-)} > = \sum_n b_n(\vec{k}_n) | \Phi_0 \vec{k}_n > \qquad (5)$$

A inclusão de tal conjunto na forma bilinear fornece a amplitude de espalhamento

$$[f(\vec{k}_f, \vec{k}_i)] = -\frac{1}{2\pi}(\sum_{mn} < S_{\vec{k}_f} | V | \Phi_0 \vec{k}_m > (d^{-1})_{mn} < \vec{k}_n \Phi_0 | V | S_{\vec{k}_i} >) \qquad (6)$$

onde

$$d_{mn} = < \Phi_0 \vec{k}_m | V - V G_0^{(+)} V | \Phi_0 \vec{k}_n > \qquad (7)$$

Para tanto, desenvolvemos alguns códigos computacionais para descrever elementos de matriz do tipo $1^o$ e $2^o$ termos da série de Born [8]. Quando o efeito de troca entre o elétron incidente e o elétron do alvo é considerado, adaptamos ao primeiro termo de Born o modelo de Ochkur [9] (chamado Born-Ochkur) e com isso verificamos sua influência na seção de choque oriunda do PVS-OP. Vários testes nas quadraturas foram realizadas até a obtencção de convergência numérica para cada elemento de matriz.

## 3 Resultados de discussões

Calculamos seções de choque elásticas do átomo de Hélio para as energias de 50 eV, 90 eV, 100 eV e 200 eV do elétron incidente. O "self-consistend-field" (SCF) foi calculado para -2.8616 a.u e comparado com -2.8615 a.u (dado experimental (Ref. [10])). A figura 1(a-d) mostra as seções de choque diferenciais para as energias de 50, 90, 100 e 200 eV do elétron incidente. Como podemos observar, o nosso PVS-OP concorda satisfatoriamente com dados experimentais [11] e resultados teóricos como a "matriz-R" [12] e o "model optical"[13]. Para as energias de 50, 100 e 200 eV observamos também o comportamento do PVS-OP sem o modelo de Ochkur (chamamos de PVS-OP(2)). Concluimos que o PVS-OP combinado com o modelo de Born-Ochkur corrige as seções de choque na região de ângulos intermediários e grandes.

**Agradecimentos**

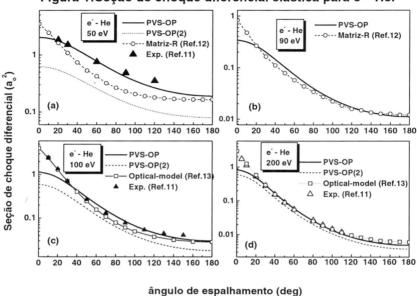

**Figura 1:Seção de choque diferencial elástica para e⁻ - He.**

ângulo de espalhamento (deg)

A pesquisa de J.L.S.L é patrocinada pelo Núcleo de Pesquisas em Matemática e Matemática Aplicada da UBC/APEO, Mogi das Cruzes, São Paulo. Nossos cálculos foram parcialmente realizados no CENAPAD-SP.

# Referências

[1] Veja S. Trajmar, D. F. Register, and A. Chutjian, Phys. Rep. **97** (1987),219.

[2] J. Amorim, J. L. S. Lino, J. Loureiro, M. A. P. Lima, and F. J. Paixão, Chem. Phys., **246**, (1999), 275.

[3] Veja, M. Allan, J. Phys. B.**25** (1992), 1559; M. Allan, J. Phys. B**28** (1995), 4329;

[4] L. E. Machado, M. T. Lee, and L. M. Brescansin, Braz. J. Phys. (1998),**28**, 111; M. T. do N. Varella, L. G. Ferreira, and M. A. P. Lima, J. Phys. B 32, (1999), 2031; M. A. P. Lima, T. L. Gibson, K. Takatsuka, and V. McKoy, Phys. Rev. A**30**(1984), 1741.

[5] J.L. S. Lino, and M. A. P. Lima, Braz.J. Phys.**30**(2),(2000), 432.

[6] J. L. S. Lino, Chin. J. Phys. (2002), submitted.

[7] J. L. S. Lino, Rev. Mex. Fis., **48**(3), 315 (2002); J. L. S. Lino, Rev. Mex. Fis., (2003), in press.

[8] J. L. S. Lino, Ph.D. Thesis (1995), ITA/CTA, S. J. dos Campos, São Paulo.

[9] V. Ochkur, Sov. Phys. JETP**18**(1964)503.

[10] Veja Ref.[8]

[11] J. P. Bromberg, J. Chem. Phys.**61**, (1974), 963; S. K. Sethuraman, J. A. Ress, and J. R. Gibson, J. Phys.B**7** e referências internas.

[12] W. C. Fon, and K. A. Berrington, J. Phys.B**14** (1981), 323. e referências internas.

[13] F. W. Byron, and C. J. Joachain, Phys. Rev. A **15**, 1 (1977), 128.

# Mistura de neutrinos e o modelo 3-3-1 mínimo[1]

A. Gusso[a], C. A. de S. Pires[b] e P. S. Rodrigues da Silva[a][2]

*(a) Instituto de Física Teórica - Universidade Estadual Paulista*

*R. Pamplona, 145 - São Paulo - S.P. CEP 01405-900*

*(b) Departamento de Física, Universidade Federal da Paraíba*

*Caixa Postal 5008, 58051-970, João Pessoa - PB*

## 1 Introdução

O modelo $3-3-1$ [1] é uma alternativa ao modelo padrão das interações eletrofracas. Entre outras características dignas de nota, este modelo implica em uma fenomenologia bastante interessante no setor leptônico, devido à presença de biléptons. As correntes carregadas envolvendo os biléptons vetoriais $V^{\pm}$ e $U^{\pm\pm}$ implicam na possibilidade de certos decaimentos raros e na conversão muonium-antimuonium. Outra característica importante do modelo é o seu potencial. O potencial formado a partir do conteúdo escalar mínimo contém um mecanismo do tipo *seesaw* tipo II, o qual leva naturalemnte à geração de pequenas massas para os neutrinos, como normalmente requerido pela hipótese da oscilação de neutrinos.

Apesar de bastante atrativo, o modelo está submetido a fortes limites experimentais que podem até mesmo torná-lo inviável, pelo menos na atual configuração do assim chamado modelo mínimo $3-3-1$. Um dos limites mais importantes, a princípio, pode ser derivado da não-observação de transições muonium-antimuonium. Assumindo que apenas o bilépton vetorial $U^{\pm\pm}$ estaria intermediando esta transição, temos um limite inferior sobre sua massa dado por $M_{U^{\pm\pm}} > 850$ GeV [2]. O problema está em que este limite inferior contradiz outro limite derivado de análises de consistência do modelo, qual seja, $M_{U^{\pm\pm}} < 600$ GeV [3]. Neste trabalho, analisamos a fundo a possibilidade de que a presença dos escalares provenientes do potencial mínimo do modelo restaurem a compatibilidade entre os dois limites acima através de suas contribuições para o processo de conversação muonium-antimuonium $(M - \overline{M})$.

Ao analisarmos a questão acima consideramos outra questão fundamental não abordada até o presente momento. Esta, diz respeito aos limites impostos

---

[1] Apoio: FAPESP

[2] email: gusso@ift.unesp.br, cpires@fisica.ufpb.br e fedel@ift.unesp.br

pela física de neutrinos às possíveis matrizes de mistura do setor leptônico do modelo.

## 2 O papel dos escalares na conversão muonium-antimuonium

Começemos por analisar o papel dos escalares do modelo na conversão $M - \overline{M}$. Existem dois biléptons escalares duplamente carregados provenientes do sexteto,

$$S = \begin{pmatrix} \sigma_1^0 & h_1^- & s_2^+ \\ h_1^- & H_1^{--} & \sigma_2^0 \\ h_2^+ & \sigma_2^0 & H_2^{++} \end{pmatrix}, \qquad (1)$$

que podem intermediar o processo de conversão $M - \overline{M}$. Com suas interações de Yukawa dadas por,

$$\mathcal{L}_{H^{\pm\pm}} = \frac{1}{2}\overline{(l_{aL})^c}G_{ab}l_{bL}H_1^{++} + \frac{1}{2}\overline{(l_{aR})}G_{ab}(l_{bR})^c H_2^{--} + \text{H.c.}, \qquad (2)$$

($l_{a,b}$ correspondem aos léptons carregados com índices de família dados por $a$ e $b$) as contribuições de $H_1^{++}$ e $H_2^{--}$ somam-se à do bilépton $U^{\pm\pm}$, cuja interação com os léptons é dada por,

$$\mathcal{L}_{U^{\pm\pm}} = -\frac{g}{\sqrt{2}}\overline{(l_{aR})^c}\gamma^\mu l_{aL} U_\mu^{++} + \text{H.c.}. \qquad (3)$$

A contribuição final pode ser escrita na forma de uma hamiltoniana,

$$\mathcal{H}_{M\overline{M}} = -\frac{g^2}{8M_U^2}\bar{\mu}\gamma^\mu(1-\gamma_5)e\bar{\mu}\gamma^\mu(1+\gamma_5)e \qquad (4)$$

$$+\frac{G_{\mu\mu}G_{ee}}{32}\left[\frac{\bar{\mu}\gamma^\mu}{M_{H_1}^2}(1+\gamma_5)e\bar{\mu}\gamma^\mu(1+\gamma_5)e + \frac{\bar{\mu}\gamma^\mu}{M_{H_2}^2}(1-\gamma_5)e\bar{\mu}\gamma^\mu(1-\gamma_5)e\right] + \text{H.c.}.$$

Devemos, agora, notar que estas três contribuições somam-se incoerentemente, quer dizer, não há termo de interferência entre elas. Isto deve-se ao fato de que elas apresentam distintas estruturas de helicidade. Na ausência de termos de interferência não há como obter termos negativos, que diminuiriam a contribuição total das partículas do modelo para o processo de conversão $M - \overline{M}$. Assim, concluímos que os escalares presentes no modelo mínimo não contribuem para diminuir o limite sobre a massa de $U^{\pm\pm}$, conclusão esta que se contrapõem a hipótese aventada na Ref. [4], de que os escalares poderiam contribuir de forma a permitir uma diminuição no limite inferior sobre a massa de bilépton vetorial.

## 3 Mistura no setor leptônico

Diante do resultado apresentado na seção anterior, buscamos outra alternativa para evitar os limites impostos pelo processo de conversão $M - \overline{M}$. Esta alternativa foi sugerida na Ref. [4], onde se observou que o limite inferior sobre a massa de $U^{\pm\pm}$ poderia ser evitado caso considerássemos que a matriz de mistura envolvendo $U^{\pm\pm}$ e os léptons carregados não é diagonal. Entretanto, esta matriz de mistura não pode assumir uma forma arbitrária e devemos analisar se é realmente possível obter uma matriz que nos leve a uma supressão da contribuição de $U^{\pm\pm}$. Os limites sobre a forma desta matriz provêem de limites sobre a matriz de mistura dos neutrinos, extraídos de experimentos que buscam observar o fenômeno de oscilação de neutrinos.

Na interação de corrente-carregada para o setor leptônico,

$$\mathcal{L}_l^{CC} = -\frac{g}{\sqrt{2}}\left\{\overline{e_L}\gamma^\mu O^W \nu_L W_\mu^- + \overline{(e_R)^c}O^V\gamma^\mu \nu_L V_\mu^+ + \overline{(e_R)^c}O^U\gamma^\mu e_L U_\mu^{++}\right\}+\text{H.c.}, \tag{5}$$

podemos reconhecer a matriz de mistura responsável pelo fenômeno da oscilação de neutrinos, $O^W$, e a matriz de mistura na interação de $U^{\pm\pm}$ com os léptons carregados, $O^U$. Tais matrizes se originam do produto de duas outras matrizes, relacionadas com a rotação da base de auto-estados da interação para auto-estados de massa, ou seja, $O^W = V_{eL}^T V_\nu$, $O^V = V_{eR}^T V_\nu$ e $O^U = V_{eR}^T V_{eL}$.

Os atuais limites experimentais sugerem que $O^W$ tem a forma,

$$O^W = \begin{pmatrix} c & s & 0 \\ \frac{-s}{\sqrt{2}} & \frac{c}{\sqrt{2}} & \frac{1}{\sqrt{2}} \\ \frac{s}{\sqrt{2}} & -\frac{c}{\sqrt{2}} & \frac{1}{\sqrt{2}} \end{pmatrix}, \tag{6}$$

onde $c$ e $s$ denotam o coseno e o seno do ângulo de mistura envolvido na oscilação de neutrinos solares (entre $\nu_e$ e $\nu_\mu$). Para este ângulo, os limites experimentais nos dizem que $0.25 \leq \sin^2 2\theta_{solar} \leq 0.40$ a 90% C.L..

Assumindo uma base não-diagonal para a mistura dos léptons carregados ($V_{eL}$ não-diagonal), podemos dissociar a matriz $O_W$ em suas componentes,

$$O^W = \begin{pmatrix} c & s & 0 \\ \frac{-s}{\sqrt{2}} & \frac{c}{\sqrt{2}} & \frac{1}{\sqrt{2}} \\ \frac{s}{\sqrt{2}} & -\frac{c}{\sqrt{2}} & \frac{1}{\sqrt{2}} \end{pmatrix} = \begin{pmatrix} 1 & 0 & 0 \\ 0 & \frac{1}{\sqrt{2}} & \frac{1}{\sqrt{2}} \\ 0 & -\frac{1}{\sqrt{2}} & \frac{1}{\sqrt{2}} \end{pmatrix} \times \begin{pmatrix} c & s & 0 \\ -s & c & 0 \\ 0 & 0 & 1 \end{pmatrix}. \tag{7}$$

Ao reescrevermos $O_W$ desta forma, levamos em consideração o fato de que devemos ter a mistura entre $\nu_\mu$ e $\nu_\tau$ provindo do setor dos léptons carregados e a mistura entre $\nu_e$ e $\nu_\mu$ provindo do setor dos neutrinos. Desta separação reconhecemos $V_\nu$,

$$V_\nu = \begin{pmatrix} c & s & 0 \\ -s & c & 0 \\ 0 & 0 & 1 \end{pmatrix}. \tag{8}$$

Agora, podemos obter a forma da matriz $V_{eR}$ extraindo de $O^V$ a contribuição de $V_\nu$,

$$V_{eR}^T = \begin{pmatrix} 1 & 0 & 0 \\ 0 & c_{23} & s_{23} \\ 0 & -s_{23} & c_{23} \end{pmatrix} \times \begin{pmatrix} c_{13} & 0 & s_{13} \\ 0 & 1 & 0 \\ -s_{13} & 0 & c_{13} \end{pmatrix} = \begin{pmatrix} c_{13} & 0 & s_{13} \\ -s_{23}s_{13} & c_{23} & s_{23}c_{13} \\ -c_{23}s_{13} & -s_{23} & c_{23}c_{13} \end{pmatrix} \tag{9}$$

Nesta matriz $c_{ij}$ e $s_{ij}$, denotam cosenos e senos de ângulos de mistura, como usual. Como não existe informação que nos permita impor limites sobre sobre os ângulos de mistura na matriz $V_{eR}$, podemos assumir que a interação de corrente carregada mediada pelo bóson $V^\pm$ é similar àquela mediada por $W^\pm$. Por esta razão assumimos $\theta_{13} = 0$ e $\theta_{23}$ maximal. Esta escolha, que de qualquer forma é arbitrária, se justifica porque permite que provemos a possibilidade de evitarmos os limites impostos sobre a massa de $U^{\pm\pm}$. Para obtermos um resultado adequado, consideramos, ainda, que $\theta_{23} = -45°$. Assim, obtemos,

$$V_{eR} = \begin{pmatrix} 1 & 0 & 0 \\ 0 & \frac{1}{\sqrt{2}} & \frac{1}{\sqrt{2}} \\ 0 & -\frac{1}{\sqrt{2}} & \frac{1}{\sqrt{2}} \end{pmatrix}. \tag{10}$$

Finalmente, a mistura no setor leptônico do modelo $3-3-1$ pode ser descrita pelas matrizes,

$$O^U = V_{eR}^T V_{eL} = \begin{pmatrix} 1 & 0 & 0 \\ 0 & 0 & -1 \\ 0 & 1 & 0 \end{pmatrix}, \quad O^V = V_{eL}^T V_\nu = \begin{pmatrix} c & s & 0 \\ \frac{s}{\sqrt{2}} & \frac{c}{\sqrt{2}} & -\frac{1}{\sqrt{2}} \\ -\frac{s}{\sqrt{2}} & \frac{c}{\sqrt{2}} & \frac{1}{\sqrt{2}} \end{pmatrix}. \tag{11}$$

Esta forma para $O^U$ elimina completamente as possíveis contribuições de $U^{\pm\pm}$ para a conversão $M - \overline{M}$, uma vez que a transição é proporcional ao produto $O_{ee}^U O_{\mu\mu}^U$ e $O_{\mu\mu}^U = 0$, neste caso.

Sabendo qual é o padrão da mistura no setor leptônico, devemos determinar qual a textura das matrizes de massa para os léptons. As texturas podem ser detrminadas a partir das relações entre as matrizes de massa na base de interação e a matriz diagonal na base de auto-estados de massa,

$$M_l^D = V_{eL}^\dagger M_l V_{eR}, \quad M_\nu^D = V_\nu^\dagger M_\nu V_\nu, \tag{12}$$

onde $M_D$ denota a matriz diagonal na base dos auto-estados de massa. Assumindo $M_\nu^D = diag(m_1, m_2, m_3)$ obtemos para a matriz de massa dos neutrinos,

$$M_\nu = V_\nu M_\nu^D V_\nu^T = \begin{pmatrix} m_1 c^2 + m_2 s^2 & (m_2 - m_1)cs & 0 \\ (m_2 - m_1)cs & m_1 s^2 + m_2 c^2 & 0 \\ 0 & 0 & m_3 \end{pmatrix}. \quad (13)$$

Analogamente, assumindo $M_l^D = diag(m_e, m_\mu, m_\tau)$ obtemos a seguinte matriz de massa para os léptons carregados,

$$M_l = V_{eL} M_l^D V_{eR}^\dagger = \begin{pmatrix} m_e & 0 & 0 \\ 0 & \frac{m_\mu}{2} - \frac{m_\tau}{2} & -\frac{m_\mu}{2} - \frac{m_\tau}{2} \\ 0 & \frac{m_\mu}{2} + \frac{m_\tau}{2} & -\frac{m_\mu}{2} + \frac{m_\tau}{2} \end{pmatrix}. \quad (14)$$

## 4 Conclusão

Concluímos notando que no modelo $3-3-1$, em virtude dos limites sobre os ângulos de mistura dos neutrinos, a geração de massa dos léptons que decorre da seguinte lagrangiana de Yukawa,

$$\mathcal{L}_l^Y = \frac{1}{2} G_{ab} \overline{(\Psi_{aL})^c} S^* \Psi_{bL} + \frac{1}{2} F_{ab} \epsilon^{ijk} \overline{(\Psi_{iaL})^c} \Psi_{jbL} \eta_k^* + \text{H.c}, \quad (15)$$

($\eta = (\eta^0, \eta_1^-, \eta_2^+)^T$ é um tripleto de escalares) fica terminantemente comprometida. Para gerar o padrão de massas requerido pelas Eqs. (13) e (14) devemos recorrer a um extensão ao modelo. Entretanto, tal extensão pode ser uma modificação pequena. Deste modo, o modelo $3-3-1$ segue sendo um modelo viável fenomenologicamente.

## Referências

[1] F. Pisano e V. Pleitez, Phys. Rev. **D46**, 410 (1992); P. H. Frampton, Phys. Rev. Lett. **69**, 2889 (1992).

[2] L. Willmann *et al.*, Phys. Rev. Lett. **82**, 49 (1999).

[3] P. H. Frampton, Int. J. Mod. Phys. **A13**, 2345 (1998); P. H. Frampton e M. Harada, Phys. Rev. **D58**, 095013 (1998).

[4] V. Pleitez, Phys. Rev. **D61**, 057903 (2000).

# Princípio Variacional de Schwinger, Espalhamento e Sistemas Quânticos à Temperatura Finita[1]

C. A. M. Melo e B. M. Pimentel [2]

*Instituto de Física Teórica - Universidade Estadual Paulista*

*R. Pamplona, 145 - São Paulo - S.P. CEP 01405-900*

**Resumo:** Neste trabalho mostramos como aplicar o Princípio Variacional de Schwinger para a construção de séries perturbativas e analisamos as suas aplicações à Teoria de Espalhamento e Sistemas Quânticos Não-Relativísticos à Temperatura Finita. Alguns comentários sobre a extensão desse formalismo para cálculos envolvendo valores esperados de misturas térmicas de estados físicos e sua ligação com sistemas macroscópicos também serão feitos.

## 1 Teoria de Perturbação

Sabemos que o Princípio de Ação pode ser escrito na forma [1]

$$\delta \langle 2| |1\rangle = \frac{i}{\hbar} \langle 2| \delta \hat{S} |1\rangle \quad \hat{S} = \int_1^2 \left( \hat{p} d\hat{q} - \hat{H} dt \right)$$

onde os objetos sujeitos a variação são os limites de integração da ação, os operadores envolvidos na construção da ação, ou mesmo a própria *forma funcional* deste operador. Como veremos a seguir, o problema da Teoria de Perturbação é deste último tipo. Vamos supor que o operador Hamiltoniano do sistema $\hat{H} = \hat{H}_0 + \hat{H}_1$, pode ser particionado de maneira que o sistema $\hat{H}_0$ é *exato*, enquanto que o sistema completo $\hat{H}$ é bastante complicado, e não podemos resolvê-lo. Pode-se ainda imaginar uma cadeia de sistemas intermediários $\hat{H} = \hat{H}_0 + \lambda \hat{H}_1$ ($0 \leqslant \lambda \leqslant 1$), indo de $\hat{H}_0$ até $\hat{H}$ conforme o parâmetro escalar $\lambda$ varia continuamente de 0 a 1. Nosso problema será relacionar este segundo sistema com aquele primeiro.

Somente a dinâmica do sistema ($\hat{H}$) está sendo alterada, portanto, quaisquer estados nos instantes $t_1$ e $t_2$ podem ser utilizados para o cálculo das amplitudes de transição, contanto que eles não dependam de $\lambda$ (e. g., auto-estados de energia do sistema não-perturbado). Temos então que $\delta \hat{H} = \delta \lambda \hat{H}_1$, de modo que pelo Princípio de Ação temos

$$\frac{\partial}{\partial \lambda} \langle 2| |1\rangle_\lambda = -\frac{i}{\hbar} \int_{t_1}^{t_2} dt \langle 2| \hat{H}_1 |1\rangle_\lambda \qquad (1)$$

---

[1] Apoio: FAPESP - Processos 01/12584-0, 02/00222-9, e CNPq.

[2] email: cassius@ift.unesp.br e pimentel@ift.unesp.br

onde o sufixo $\lambda$ serve para indicar que as quantidades sob consideração devem ser avaliadas para um dado valor do parâmetro.

Tomando a derivada desta expresão, e utilizando o produto *temporalmente ordenado*, indicado pelo sufixo $+$,

$$\frac{\partial^2 \langle 2||1\rangle_\lambda}{\partial \lambda^2} = \left(-\frac{i}{\hbar}\right)^2 \int_{t_1}^{t_2} dt \int_{t_1}^{t_2} d\bar{t}\, \langle 2| \left(\hat{H}_1(t)\hat{H}_1(\bar{t})\right)_+ |1\rangle_\lambda \qquad (2)$$

Assim, a solução formal que procuramos será

$$\langle 2||1\rangle_\lambda = \sum_{n=0}^\infty \frac{1}{n!} \frac{\partial^n \langle 2||1\rangle_{\lambda=0}}{\partial \lambda^n} \lambda^n = \sum_{n=0}^\infty \frac{1}{n!} \langle 2| \left(-\frac{i}{\hbar}\int_{t_1}^{t_2} dt \hat{H}_1(t)\right)^n_+ |1\rangle_{\lambda=0} \lambda^n$$

$$\langle 2||1\rangle_H = \langle 2| \left[\exp\left(-\frac{i}{\hbar}\int_{t_1}^{t_2} dt \hat{H}_1(t)\right)\right]_+ |1\rangle_{H_0} \quad (\lambda = 1) \qquad (3)$$

Podemos aproximar a exponencial tomando apenas os primeiros termos da expansão, e neste caso obtemos o equivalente da Teoria de Perturbação usual, como amplitudes de espalhamento na aproximação de Born, ou os valores de energia do sistema. Este método de expansão a um número finito de termos tem, entretanto, uma aplicabilidade limitada. Tentaremos nas próximas linhas desenvolver, através do uso do Princípio Variacional, métodos mais gerais.

## 2 A Fórmula Perturbativa para o Logaritmo da Função de Transformação

Vamos supor que
$$\langle 2||1\rangle_H = \langle 2||1\rangle_{H_0} e^w \qquad (4)$$

Isto significa que $\langle 2||1\rangle_{H_0}$ é apenas o primeiro termo da série perturbativa, e que toda a informação relativa aos demais termos encontra-se concentrada no fator $e^w$. O que desejamos agora é desenvolver uma expansão em série para $w$, de modo a obtermos uma série perturbativa alternativa àquela obtida na seção anterior. A razão para isso é que a função de transformação é, a grosso modo, uma função exponencial do tempo, e há diversas situações físicas em que as amplitudes de transição de interese relacionam grandes intervalos de tempo. Por exemplo, em teoria de espalhamento, estamos interessados em estados assintóticos, ou seja, deseja-se obter o estado de mais baixa energia do sitema, que deve ser também o estado mais *estável*, e portanto considerar grandes intervalos de tempo.

Vamos então voltar ao nosso artifício matemático de utilizar um parâmetro $\lambda$, e reescrever a equação (4) sob a forma $w(\lambda) = \ln \frac{\langle 2||1\rangle_\lambda}{\langle 2||1\rangle_{\lambda=0}}$. Diferenciando esta expressão com respeito à constante de acoplamento, encontramos $\frac{\partial w}{\partial \lambda} = \frac{1}{\langle 2||1\rangle_\lambda} \frac{\partial \langle 2||1\rangle_\lambda}{\partial \lambda} = \frac{-\frac{i}{\hbar}\int_{t_1}^{t_2} dt \langle 2|\hat{H}_1|1\rangle_\lambda}{\langle 2||1\rangle_\lambda}$. Note que esta é uma equação exata, independente do fato de a série de Taylor a ser obtida convergir ou não.

Tomando a derivada segunda e usando a equação (2), encontramos

$$\frac{\partial^2 w}{\partial \lambda^2} = \left(\frac{i}{\hbar}\right)^2 \int_{t_1}^{t_2} dt \int_{t_1}^{t_2} d\bar{t} \left[ \frac{\langle 2|\left(\hat{H}_1(t)\hat{H}_1(\bar{t})\right)_+|1\rangle_\lambda}{\langle 2||1\rangle_\lambda} - \frac{\langle 2|\hat{H}_1(t)|1\rangle_\lambda}{\langle 2||1\rangle_\lambda} \frac{\langle 2|\hat{H}_1(\bar{t})|1\rangle_\lambda}{\langle 2||1\rangle_\lambda} \right] \tag{5}$$

O que temos, essencialmente, entre colchetes, é a média de um produto de perturbações menos o produto das médias, o que nos dá uma medida da dispersão energética causada pela perturbação. Vemos, portanto, que a estrutura da derivada enésima é a de uma média de produtos ordenados de operadores, mais termos envolvendo médias de correlações de ordem mais baixa.

Pela definição de $w$, $\lambda = 0 \to w(0) = 0$. Portanto a expansão em série de $w$ pode ser escrita como

$$w(\lambda) = \sum_{k=1}^{\infty} \left(-\frac{i}{\hbar}\right)^k \frac{\lambda^k}{k!} w_k \quad \left(-\frac{i}{\hbar}\right)^k w_k = \left(\frac{\partial}{\partial \lambda}\right)^k w(\lambda)\bigg|_{\lambda=0} \tag{6}$$

Porém, usando o resultado (3),

$$\frac{\langle 2||1\rangle_H}{\langle 2||1\rangle_{H_0}} = 1 + \sum_{n=1}^{\infty} \left(-\frac{i}{\hbar}\right)^n \frac{\lambda^n}{n!} h_n \quad h_n = \frac{\langle 2|\left(\int_{t_1}^{t_2} dt \hat{H}_1(t)\right)^n_+|1\rangle_{H_0}}{\langle 2||1\rangle_{H_0}} \tag{7}$$

Substituindo (6) na definição (4), e igualando com (7), $1 + \sum_{n=1}^{\infty} \frac{z^n}{n!} h_n = \exp\left(\sum_{k=1}^{\infty}\left(-\frac{i}{\hbar}\right)^k \frac{\lambda^k}{k!} w_k\right) = \prod_{k=1}^{\infty} \exp\left(\frac{z^k}{k!} w_k\right)$, onde $z = \left(-\frac{i}{\hbar}\right)\lambda$. Igualando as potências em $z$,

$$\begin{array}{ll} n = 1 & w_1 = h_1 \\ n = 2 & w_2 = h_2 - h_1^2 \\ n = 3 & w_3 = h_3 - 3h_2 h_1 + 2h_1^3 \end{array} \tag{8}$$

Para ilustrar os resultados obtidos tomemos um sistema conservativo, cuja função de transformação é dada por $\langle b, t_2 | a, t_1 \rangle_H = \langle b| e^{-\frac{i}{\hbar}\hat{H}\Delta t}|a\rangle_{H_0}$, onde $\Delta t = t_2 - t_1$ Uma vez que estamos interessados em fazer previsões acerca do estado fundamental, escolhemos $|a\rangle = |b\rangle = |E_0\rangle$. Estamos interessado em calcular

$$e^w = \frac{\langle E_0, t_2 | | E_0, t_1 \rangle_H}{\langle E_0, t_2 | | E_0, t_1 \rangle_{H_0}} = \frac{\langle E_0, t_2 | | E_0, t_1 \rangle_H}{e^{-\frac{i}{\hbar} E_0 \Delta t}} = \langle E_0 | e^{-\frac{i}{\hbar}(\hat{H} - E_0) \Delta t} | E_0 \rangle_{H_0}. \quad (9)$$

Denotando os autovalores de $\hat{H}$ por $W$, temos que $e^w = \sum_W e^{-\frac{i}{\hbar}(W - E_0)\Delta t} p(W)$ onde $p(W) = |\langle E_0 | | W \rangle|^2$ é a probabilidade de se obter o valor $W$ em uma medida de $\hat{H}$ no auto-estado $|E_0\rangle$ de $\hat{H}_0$.

Nós conhecemos, em princípio, o lado esquerdo da expressão acima e, portanto, a partir da sua série de Fourier podemos extrair os autovalores. Em particular, quando $\Delta t \to \infty$, todos os termos oscilam de maneira extremamente rápida, quando comparados ao primeiro (o estado fundamental $W_0$ do sistema perturbado). Dessa forma, a melhor maneira de descrever as suas contribuições a $e^w$, é estender $\Delta t$ para o plano complexo tomando a sua parte imaginária como sendo negativa, e todas as exponenciais decrescerão mais rapidamente que o primeiro termo, logo, $e^w \sim e^{-\frac{i}{\hbar}(W_0 - E_0)\Delta t} p(W_0)$, contanto que $p(W_0) \neq 0$, i. e., que seja possível encontrar o estado fundamental como resultado de uma medida sobre o estado fundamental não-perturbado. Assim,

$$w \sim -\frac{i}{\hbar}(W_0 - E_0) \Delta t + \ln p(W_0) \quad (10)$$

Para obter os valores explícitos de $W_0$ e $p(W_0)$, calculamos aproximadamente o lado esquerdo: $\frac{1}{n!} h_n = \int_{t_1}^{t_2} dt^{(1)} ... dt^{(n)} \left\langle \hat{H}_1(t^{(1)}) ... \hat{H}_1(t^{(n)}) \right\rangle_{E_0}$, onde $\langle \; \rangle_{E_0} = \frac{\langle E_0, t_2 | (\;) | E_0, t_1 \rangle_{H_0}}{\langle E_0, t_2 | | E_0, t_1 \rangle_{H_0}}$, $t^{(1)} > ... > t^{(n)}$. Usando a descrição de Heisenberg, encontramos

$$\frac{1}{n!} h_n = \int_{t_1}^{t_2} dt^{(1)} ... dt^{(n)} \left\langle \hat{H}_1 e^{-\frac{i}{\hbar}(\hat{H}_0 - E_0)(t^{(1)} - t^{(2)})} ... e^{-\frac{i}{\hbar}(\hat{H}_0 - E_0)(t^{(n-1)} - t^{(n)})} \hat{H}_1 \right\rangle_{E_0}$$

$$w \sim -\frac{i}{\hbar} \Delta t \left\langle \hat{H}_1 \right\rangle_{E_0} - \left(-\frac{i}{\hbar}\right) \Delta t \left\langle \hat{H}_1 \frac{1}{\left(\hat{H}_0 - E_0\right)} \hat{H}_1 \right\rangle_{E_0} +$$

$$+ \left\langle \hat{H}_1 \frac{e^{-\frac{i}{\hbar}(\hat{H}_0 - E_0)\Delta t}}{\left(\hat{H}_0 - E_0\right)^2} \hat{H}_1 \right\rangle_{E_0}$$

Precisamos novamente da extensão analítica do parâmetro temporal, porém, desta vez o faremos de tal forma a deixar explícita a informação física contida aí, $\Delta t = -i\tau$, $\frac{\tau}{\hbar} = \beta = \frac{1}{kT}$, onde $T$ denota a *temperatura* do sistema. No limite $\Delta t \to \infty$, temos $T \to 0$ (estado fundamental), de tal forma que, comparando o resultado com (10), encontramos

$$W_0 \sim E_0 + \left\langle \hat{H}_1 \right\rangle_{E_0} - \left\langle \hat{H}_1 \frac{1}{\left(\hat{H}_0 - E_0\right)} \hat{H}_1 \right\rangle_{E_0} \quad , \quad \ln p(W_0) \sim \left\langle \hat{H}_1 \frac{e^{\beta\left(\hat{H}_0 - E_0\right)}}{\left(\hat{H}_0 - E_0\right)^2} \hat{H}_1 \right\rangle_{E_0}$$

Isso nos dá, de maneira explícita e aproximada, como obter o estado fundamental e sua respectiva probabilidade. Podemos ver ainda que cálculos à "temperatura finita" podem ser obtidos considerando-se mais termos nas expansões.

## 3 Conclusão

Encontramos através de expansões perturbativas o equivalente ao Método de Mayer [2] (Expansão em Clusters) (8) para descrição de valores esperados em sistemas quânticos interagentes. Os conceitos de temperatura e cumulantes (5), eclodiram de maneira natural dentro do escopo probabilista da teoria. Neste trabalho exemplificamos sempre o uso da técnica variacional por meio de auto-estados do sistema não-perturbado, porém, nada impede que sejam usadas misturas térmicas, o que amplia os horizontes de aplicações.

As técnicas descritas acima são poderosas, e embora não resolvam nenhum dos problemas relativos à convergência de expansões, continuações analíticas e degenerescências, podem ser aprimoradas para a descrição de sistemas mais complexos, tais como a interação entre sistemas quânticos e macroscópicos, e uma ligação mais estreita entre o Princípio Variacional de Schwinger e a Termodinâmica Estatística pode então ser estabelecida. Um trabalho no sentido de estabelecer a equivalência entre este formalismo e outros correntes, tais como o de Umezawa, encontra-se em curso [3].

## Referências

[1] Schwinger, J. S. - *Phys. Rev.* **82** (1951), 914; *J. Math. Phys.* **2** (1961), 407.

[2] Pathria, R. K., *Statistical Mechanics*, Pergamon Press, New York, (1993)

[3] Melo, C. A. M. e Pimentel, B. M., *Princípio Variacional de Schwinger e Mecânica Estatística: Cavidades Ressonantes e Átomos Frios*, contribuição aos anais do simpósio comemorativo aos 60 anos do Prof. S. R. A. Salinas: *Tendências da Física Estatística no Brasil*, C. P. Cintra do Prado *et al.* eds., no prelo.

# Sistemas vinculados: o método de Dirac e sua relação com a quantização BRST

Dáfni Fernanda Zenedin Marchioro (IFT/UNESP)

Os sistemas vinculados ou singulares se caracterizam por apresentarem ambigüidades nas soluções das equações de movimento. São muito freqüentes em física; como exemplos de teorias singulares tem-se a gravitação, as teorias das interações nucleares,o eletromagnetismo e as teorias de cordas. Estes sistemas podem apresentar invariância de gauge.

O tratamento clássico destes sistemas não pode ser feito utilizando os formalismos Lagrangiano e Hamiltoniano usuais. No caso do formalismo Hamiltoniano, utiliza-se o método de Dirac, que ensina como obter a dinâmica de tais sistemas sem ambigüidades.

Uma das formas de identificar se uma teoria apresenta vínculos é através do cálculo dos momentos canônicos:

$$\frac{\partial L}{\partial \dot{q}} = p \,. \tag{1}$$

No caso, o que se espera é que $p$ seja função das velocidades de $q$ e possivelmente também de $q$, de modo que possamos usar a transformação de Legendre

$$H = L - p\dot{q} \,, \tag{2}$$

e relacionar os formalismos Hamiltoniano e Lagrangiano. No caso de sistemas que apresentam vínculos, o que se obtém em (1) são funções das variáveis do espaço de fase exclusivamente:

$$\Omega^k = p^k - f(q, q', p^l) = 0 \,. \tag{3}$$

Estes são os chamados vínculos primários. Quando impomos condições de consistência sobre estes vínculos,

$$\dot{\Omega}^k \approx 0 \,, \tag{4}$$

podemos obter outro tipo de vínculo, chamado secundário. Podemos classificar os vínculos primários e secundários de acordo com outro critério. Neste caso, eles podem ser de primeira classe (que estão relacionados às simetrias de gauge do modelo) ou de segunda classe (relacionados a graus de liberdade espúrios da teoria).

O método de Dirac permite identificar os graus de liberdade físicos da teoria e eliminar os graus de liberdade espúrios, através da fixação de gauge e da construção dos chamados parênteses de Dirac. Desta forma, a quantização canônica destes sistemas pode ser realizada consistentemente.

No entanto, a chamada quantização de Dirac mantém todos os graus de liberdade da teoria clássica, inclusive os vínculos de primeira classe. É necessária uma condição para selecionar os graus de liberdade físicos. Esta condição é a seguinte:

$$\hat{G}_a \mid \psi >= 0, \qquad (5)$$

onde $\hat{G}_a$ são os equivalentes quânticos dos vínculos de primeira classe. Esta condição deve manter a invariância de gauge da teoria a nível quântico, ou seja, um estado físico deve ser invariante de gauge.

## Método BRST.

Outro método de quantização de sistemas vinculados é o chamado método BRST (sigla de Bechi, Rouet, Stora e Tyutin, seus descobridores), que pode ser aplicado tanto a teorias simples, como a partícula relativística, quanto a sistemas mais complicados, como teorias de supergravidade. Uma de suas características mais importantes é que o método preserva a covariância de Lorentz das teorias ao qual é aplicado, ou seja, a condição para fixar o gauge é covariante.

O primeiro passo para a construção da carga BRST é tornar a teoria invariante pela simetria BRST. Isto se faz da seguinte forma:

1. primeiro, devemos estender o espaço de fase da teoria considerando os multiplicadores de Lagrange associados aos vínculos de primeira classe e seus momentos canônicos conjugados como variáveis canônicas:

$$\{\lambda^a, \pi_b\} = \delta^a_b. \qquad (6)$$

Os momentos conjugados também serão considerados como vínculos de primeira classe, de modo a não modificar a teoria original. Portanto, o conjunto de vínculos de primeira classe é

$$C_A = (G_a, \pi_a). \tag{7}$$

2. depois disso, introduzimos um par canônico de fantasmas para cada vínculo de primeira classe $C_a$. Os conjugados canônicos aos fantasmas serão os antifantasmas:

$$\{\eta^A, \mathcal{P}_B\} = \{\mathcal{P}_B, \eta^A\} = \delta^A_B, \tag{8}$$

onde $\mathcal{P}_B$ são os antifantasmas e $\eta^A$ são os fantasmas. Impomos que os fantasmas e antifantasmas comutem com o resto das variáveis.

Contrói-se a carga de BRST pedindo que ela gere as transformações de gauge associadas aos vínculos de primeira classe em ordem mais baixa numa expansão em série de fantasmas. Além do mais, ela deve ter número de fantasma igual a um e deve ser real. Os termos em ordem superior são encontrados fazendo uso da propriedade de nilpotência da carga de BRST:

$$Q = \eta^A C_A + \eta^B \eta^C U^{(1)A}_{BC} \mathcal{P}_A + ... \tag{9}$$

sendo

$$U^{(1)A}_{BC} = -\frac{1}{2} f^A_{BC}, \tag{10}$$

e $f^A_{BC}$ é a constante de estrutura da álgebra que os vínculos de primeira classe satisfazem.

**Quantização BRST.**

Começamos o processo de quantização identificando quem são os estados invariantes pela simetria BRST. Um estado será dito invariante por BRST se

$$\hat{Q} \mid \chi >= 0. \tag{11}$$

Podemos construir estados invariantes por simetria BRST que tenham a seguinte forma:

$$|\psi> = \hat{Q} |\chi> + |\psi'>  \tag{12}$$

se os estados $|\psi>$ e $|\psi'>$ satisfizerem a condição (11). No entanto, os estados $\hat{Q}|\chi>$ são ortogonais a todos os outros estados, por possuirem produto interno nulo com todos os outros. Estes estados são chamados de *estados nulos*. Dois estados que diferem por um estado nulo terão os mesmos produtos internos com todos os estados invariantes por BRST, e portanto são indistingüíveis. Eles fazem parte de uma classe de equivalência no espaço de Hilbert, ou seja, fazem parte da classe de cohomologia de $\hat{Q}$ com número de fantasma específico.

Os estados de número de fantasma zero têm uma propriedade interessante. Aplicando $\hat{Q}$ a estes estados, temos que

$$\hat{Q}|\chi> = \hat{\eta}^A \hat{C}_A |\chi>,  \tag{13}$$

pois, pela forma da carga BRST, podemos ver que apenas o primeiro termo sobrevive, pois o antifantasma aniquila o estado de número de fantasma zero. Se este estado é invariante pela simetria BRST, então

$$\hat{C}_A |\chi> = 0,  \tag{14}$$

pois $\hat{\eta}^A$ não aniquila o estado $|\chi>$. Ou seja, estes estados são invariantes por BRST se, e somente se, eles forem invariantes por transformações de gauge.

Os estados de número de fantasma zero formam uma classe de cohomologia de $\hat{Q}$, ao mesmo tempo em que são invariantes de gauge. Serão tomados como sendo os estados físicos da teoria.

Portanto, em analogia com a quantização de Dirac, as condições para se encontrar os estados físicos do sistema serão:

1. ter número de fantasma zero;

2. e ser aniquilado por $\hat{Q}$:

$$\hat{Q}|\chi> = 0.  \tag{15}$$

## Conclusões.

O método de Dirac e a quantização de Dirac têm em comum:

- a construção da carga BRST leva em consideração os vínculos de primeira classe da teoria original;
- uma condição para a construção da carga BRST é que ela gere as transformações de gauge em ordem mais baixa na expansão dos fantasmas.

A vantagem do formalismo BRST em comparação com a quantização de Dirac é que a nilpotência de $\hat{Q}$ é uma ferramenta prática na identificação dos estados físicos.

**Agradecimentos:** gostaria de agradecer a Daniel Luiz Nedel pelas frutíferas discussões e à FAPESP pelo apoio financeiro.

# Referências

[1] E. D. G. Sudarshan, N. Mukunda, *Classical Dynamics: a modern perspective*, Wiley, New York.

[2] P. A. M. Dirac, *Lectures on Quantum Mechanics*, Yeshiva University, New York, 1964.

[3] Ayrton Zadra, *Quantização de teorias de gauge anômalas: eletrodinâmica escalar quiral e gravitação induzida em duas dimensões*, tese de doutorado, IFT, 1990.

[4] K. Sundermeyer, *Constrained Dynamics*, Springer-Verlag, Hamburg, 1982.

[5] Mario Costa, *Simetrias locais no formalismo Hamiltoniano*, tese de doutorado, UFRGS, 1988.

[6] M. Henneaux, C. Teitelboim, *Quantization of Gauge Systems*, Princeton University Press, Princeton, NJ, 1992.

[7] M. Henneaux, Phys. Rep. **126** (1985).

[8] A. G. Zenteno, L. F. Urrutia, J. D. Vergara, R. P. Martínez, Rev. Mexicana de Física **40** (1994).

# Algumas funções de Green de interesse cosmológico

Sandro Silva e Costa[1]

*Instituto de Astronomia, Geofísica e Ciências Atmosféricas* [2]
*Universidade de São Paulo*
e-mail: `sancosta@astro.iag.usp.br`

**Resumo**

O uso de funções de Green na teoria de campos em espaços curvos é um tópico bastante discutido, mas que tem algumas aplicações ligadas à cosmologia ainda bastante recentes na literatura (ver, por exemplo, Müller *et al.*, Phys. Rev. **D63**, 123508 (2001)). Partindo dessas aplicações, este trabalho de revisão pretende apenas mostrar algumas funções de Green ligadas a certos modelos cosmológicos específicos[3].

## 1 Introdução

É razoável afirmar que a cosmologia moderna nasceu, basicamente, com dois artigos de Albert Einstein, o primeiro publicado em 1916, *"The foundation of the general theory of relativity"*, e o segundo, no ano seguinte, em 1917, *"Cosmological considerations on the general theory of relativity"* [1]. Porém, é ainda no final de 1916 que Einstein termina um pequeno livro, *"Über die Spezielle and die Allgemeine Relativitätstheorie"* ("Sobre a teoria da relatividade especial e geral"), onde são expostas, de forma didática, as idéias por trás das teorias da relatividade especial e geral e algumas de suas consequências. Nesse livro, Einstein escreve que "do que ficou dito concluímos que é possível imaginar espaços fechados que não possuem limites. (...) Coloca-se então, a astrônomos e físicos a interessantíssima questão de saber se o universo em que vivemos é infinito ou, à maneira do mundo esférico, finito. Nossa experiência nem de longe é suficiente para responder a esta pergunta" [2].

Ainda hoje não sabemos se o universo é finito ou não. Como pode-se imaginar distintos espaços finitos, de diferentes curvaturas e formas, fica então a dúvida de como saber, na prática, quais são a forma e tamanho escolhidos pelo universo ou, em outras palavras, qual é sua topologia. A disciplina que trata de tal estudo é conhecida como topologia cósmica, e tem recebido recentemente

---

[1] O autor agradece à FAPESP pelo apoio (processo 00/13762-6).
[2] Endereço atual: Departamento de Física - ICET - UFMT - e-mail: sancosta@cpd.ufmt.br
[3] Uma versão mais detalhada deste estudo encontra-se na internet (`astro-ph 0212157`).

maior atenção, com a publicação de artigos de revisão [3] e textos introdutórios [4].

Uma característica importante de universos com seção espacial finita é a presença, neles, de periodicidade. Num espaço finito linhas retas podem voltar sobre si mesmas, o que permite descrever o espaço finito como se repetindo inúmeras vezes sobre um espaço maior. Tal como mostrado em alguns trabalhos recentes [5], a periodicidade abre a possibilidade da presença, em um universo finito, de uma energia de vácuo, conhecida como energia de Casimir, criada pela imposição de condições de contorno periódicas sobre o vácuo.

Originalmente, a energia de Casimir diz respeito à energia medida entre duas placas condutoras colocadas no vácuo [6]. Como o vácuo na região fora das placas pode oscilar em todos os modos possíveis, ele exerce uma pressão sobre a região entre as placas, onde apenas alguns modos de oscilação do vácuo são permitidos. Tal efeito, que pode ser medido experimentalmente, pode ser estudado de forma simplificada com o uso de campos escalares e funções de Green [7]. A idéia básica consiste em usar as funções de Green que satisfazem à equação de campo obedecida pelo campo escalar. Em espaços curvos, como os que são descritos na cosmologia, tal equação de campo é uma versão generalizada da equação massiva de Klein-Gordon,

$$\Box \varphi + \xi R \varphi + m^2 \varphi = 0, \tag{1}$$

onde aparecem o operador d'Alembertiano $\Box$ e o escalar de Ricci $R$, com o termo $\xi R \varphi$ representando o acoplamento não-mínimo do campo escalar à gravitação.

Sem entrar em maiores detalhes, o processo de obtenção da energia de vácuo associada ao campo escalar começa com o tensor momento energia clássico associado a o campo, construído a partir da função de Green através de um operador diferencial de segunda ordem $D_{\mu\nu}^{x,x'}$,

$$T_{\mu\nu}\left(x, x'\right) = D_{\mu\nu}^{x,x'} G\left(x, x'\right), \tag{2}$$

conseguindo-se daí o valor esperado deste tensor no vácuo, tal que

$$\langle 0 \left| T_{\mu\nu} \right| 0 \rangle = \lim_{x \to x'} T_{\mu\nu}\left(x, x'\right). \tag{3}$$

A energia de Casimir é dada pela parte finita da componente 00 deste valor esperado.

A função de Green para um espaço genérico $\mathcal{M} = \widetilde{\mathcal{M}}/\Gamma$, com topologia não-trivial, é obtida da solução geral para o espaço de curvatura equivalente e de topologia trivial através da expressão

$$G_{\mathcal{M}}(x,x') = \sum_{\Gamma} G_{\widetilde{\mathcal{M}}}[x,\Gamma(x')], \tag{4}$$

onde $\Gamma$ são os elementos do grupo que define $\mathcal{M}$, cada um representado por operadores matriciais que levam um ponto em suas imagens no espaço de recobrimento infinito $\widetilde{\mathcal{M}}$, isto é, $P' = \Gamma(P) \equiv P$, com $P' \in \widetilde{\mathcal{M}}$ e $P \in \mathcal{M}$. Para espaços tridimensionais de curvatura constante, $\widetilde{\mathcal{M}}$ pode ser $\mathbb{S}^3$ (espaço esférico, curvatura positiva), $\mathbb{E}^3$ (espaço plano, curvatura nula) ou $\mathbb{H}^3$ (espaço hiperbólico, curvatura negativa) [3].

Dada, portanto, a relevância das funções de Green no estudo da distribuição da energia de Casimir em modelos do universo com topologia não-trivial, é interessante realizar um estudo dessas funções para diversos modelos cosmológicos, em especial para modelos que representem um universo em expansão.

## 2 O universo em expansão

Pondo nas equações de Einstein a métrica presente no elemento de linha de Friedmann–Lemaître-Robertson-Walker (FLRW),

$$ds^2 = dt^2 - a^2(t)\left[\frac{dr^2}{1-kr^2} + r^2\left(d\theta^2 + \sin^2\theta d\phi^2\right)\right], \tag{5}$$

onde $k = 0, \pm 1$ é o escalar de curvatura, e um fluido perfeito com densidade de energia proporcional ao fator de escala $a(t)$,

$$\rho = Ca^{-n}, \tag{6}$$

onde $C$ e $n$ são constantes, pode-se obter diversas soluções cosmológicas, tais como uma solução estática, com $C = 0$, as diversas soluções de de Sitter, com $n = 0$, e uma solução com expansão linear em $t$, com $n = 2$. Usando essas soluções cosmológicas para escrever explicitamente a equação de Klein-Gordon, pode-se, após algum trabalho matemático, obter as funções de Green escalares adequadas para cada modelo cosmológico.

## 3 Funções de Green

### 3.1 Universo estático

Usando o invariante $s = \sqrt{\Delta\eta^2 - \chi^2}$, onde $dt = a d\eta$, $d\chi = \left(1 - kr^2\right)^{-1/2} dr$, e $\Delta\eta \equiv \eta - \eta'$, tem-se, nesse caso, a solução geral

$$G(x, x') = \frac{\sqrt{k}\chi}{\sin\sqrt{k}\chi} \frac{1}{s} \left[c_1 H_1^{(1)}(\mu_k s) + c_2 H_1^{(2)}(\mu_k s)\right], \qquad (7)$$

com $\mu_k^2 \equiv 3m^2\Lambda^{-1} + (6\xi - 1)k$ ($k = \pm 1$, $\Lambda \neq 0$) ou $\mu_k^2 \equiv m^2$ ($k = \Lambda = 0$), e com $H_\nu^{(1)}$ e $H_\nu^{(2)}$ sendo as funções de Hankel de ordem $\nu$ do primeiro e segundo tipos, respectivamente.

### 3.2 Universo de de Sitter

A solução mais geral neste caso, obtida com $\Lambda = 0$, é

$$G(x, x') = c_1 F\left(\frac{3}{2} - \nu, \frac{3}{2} + \nu; 2; \frac{1-p}{2}\right) + c_2 F\left(\frac{3}{2} - \nu, \frac{3}{2} + \nu; 2; \frac{1+p}{2}\right), \qquad (8)$$

onde $\nu^2 \equiv 2^{-2}3^2 - \left[12\xi + 3m^2(8\pi C)^{-1}\right]$ e

$$p(x, x') = \begin{cases} 1 + \left(\Delta\eta^2 - \chi^2\right)(2\eta\eta')^{-1} \\ 1 - \csc\eta \csc\eta'(\cos\Delta\eta - \cos\chi) \\ 1 + \operatorname{csch}\eta \operatorname{csch}\eta'(\cosh\Delta\eta - \cosh\chi) \end{cases}, \qquad (9)$$

para $k = 0$, $1$, e $-1$, respectivamente.

### 3.3 Universo em expansão linear

Neste caso, uma solução geral é mais fácil de se obter para $m = \Lambda = 0$ e $k = 0$:

$$G(x, x') = e^{-\alpha\Delta\eta} \frac{1}{s} \left[c_1 H_1^{(1)}(\beta s) + c_2 H_1^{(2)}(\beta s)\right], \qquad (10)$$

onde $\alpha^2 \equiv 8\pi C/3$, $\beta^2 \equiv (6\xi - 2)\alpha^2$ e $s = \sqrt{\Delta\eta^2 - \chi^2}$. As soluções para $k \neq 0$ podem ser obtidas a partir desta solução.

## 4 Comentários finais

No contexto da topologia cósmica, o trabalho de escrever funções de Green é um passo apenas preparatório, mas importante especialmente por poder ser feito de forma analítica, pois o grosso do trabalho, que é o cálculo da energia de Casimir nos espaços finitos, só pode, em geral, ser feito numericamente. Deve-se ressaltar que a importância de estudos em topologia cósmica, preparatórios ou não, não deve ser subestimada, já que, por exemplo, pela própria natureza das observações feitas atualmente nunca saberemos ao certo se o universo tem uma curvatura nula ou apenas muito pequena, quase apagada pela inflação. O encontro de propriedades topológicas do universo pode, ao menos em princípio, fazer essa diferenciação.

## Referências

[1] Lorentz, H.A.; Einstein, A.; Minkowski, H.; Weyl, H. – "*The principle of relativity*", Dover, 1952.

[2] Einstein, A. – "*A Teoria da Relatividade Especial e Geral*", Contraponto, 1999.

[3] Lachièze-Rey, M.; Luminet, J.-P. – *Phys. Rep.* **254**, 135 (1995).

Levin, J. – *Phys. Rep.* **365**, 251 (2002); gr-qc 0108043 (2001).

[4] Lachièze-Rey, M.; Luminet, J.-P. – "*La physique et l'infini*", Flammarion, 1994.

Levin, J. – "*How the universe got its spots*", Princeton, 2002.

Luminet, J.-P. et al. – *Sci. Am.* **280** (4), 68 (1999).

[5] Muller, D.; Fagundes, H.V.; Opher, R. – *Phys. Rev.* **D 63**, 123508 (2001).

Muller, D.; Fagundes, H.V.; Opher, R. – astro-ph 0207617 (2002).

[6] Martins, R.A. – *Sci. Am. Brasil* **2**, 27 (2002).

Itzykson, C.; Zuber, J.-B. – "*Quantum Field Theory*", McGraw-Hill, 1980.

[7] Birrel, N.D.; Davies, P.C.W. – "*Quantum fields in curved space*", Cambridge, 1994.

# Condensados de Vácuo e Simetria Quiral na Matéria de Quarks

R.S. Marques de Carvalho[1], G. Krein[2], e P.K. Panda[3]

Instituto de Física Teórica - Universidade Estadual Paulista
Rua Pamplona 145, CEP 01405-900, São Paulo - SP

## 1 Introdução

Quando observamos o espectro de massa hadrônico podemos perceber a presença de um "gap" entre a massa do píon (140 MeV) e as massas das demais partículas (a partir de aproximadamente 1 GeV). Nambu [1] observou que o fato de o píon possuir uma massa tão pequena quando comparada com as demais poderia ser explicado invocando um mecanismo de quebra espontânea de simetria. Neste caso particular, a simetria seria a simetria quiral. De um modo geral, uma simetria pode ser realizada na natureza de duas formas, denominadas modo de Wigner e de Nambu-Goldstone. No modo de Wigner, o estado fundamental tem a simetria do Hamiltoniano. Podemos citar como exemplo o átomo de hidrogênio. O Hamiltoniano (H) do átomo de hidrogênio possui simetria rotacional, ou seja H comuta com o momento angular orbital. As consequências disto são: (1) o estado fundamental do átomo possui a simetria do Hamiltoniano, isto é, a função de onda do estado fundamental é esfericamente simétrica, e (2) o restante do espectro apresenta níveis degenerados. Outra forma da simetria se manifestar é no modo de Nambu-Goldstone. Neste caso, o estado fundamental do sistema não possui a simetria do Hamiltoniano. A simetria, no entanto, não se "perdeu", ela se manifesta na presença de excitações de comprimento de onda infinito no espectro. Podemos citar como exemplo (vindo da matéria condensada) um ferromagneto. O estado fundamental do sistema corresponde a uma configuração tal que os spins estão todos alinhados e, portanto, não apresenta a simetria rotacional do Hamiltoniano original. No entanto, é possível verificar que existem "ondas de spin" de comprimento de onda infinito no espectro. Neste caso, diz-se que a simetria foi espontaneamente quebrada.

O equivalente em teorias quânticas de campo às excitações de comprimento de onda infinito corresponde a partículas de massa zero. Retornando ao es-

---

[1]e-mail: raquel@ift.unesp.br
[2]e-mail: gkrein@ift.unesp.br
[3]e-mail: panda@ift.unesp.br

pectro hadrônico, segundo Nambu, a excitação de massa zero corresponderia ao píon, se sua pequena massa fosse na realidade igual a zero. Isto pode ser justificado da seguinte maneira. Suponhamos que a teoria fundamental das interações fortes seja descrita por um Hamiltoniano H contendo campos fermiônicos $\psi$ de spin 1/2, e que este H seja invariante sob a transformação quiral

$$\psi \to \psi' = e^{i\vec{\alpha}\cdot\vec{\tau}\gamma_5}\psi, \tag{1}$$

Se o estado fundamental da teoria $|\Omega\rangle$ não for invariante sob esta mesma transformação, isto é, $|\Omega\rangle \to |\Omega'\rangle \neq |\Omega\rangle$, então, diz-se que a simetria quiral foi quebrada espontaneamente. Como consequência desta quebra espontânea, deve existir no espectro uma excitação de massa zero carregando os números quânticos do gerador da simetria. Neste caso, os números quânticos do gerador da simetria quiral correspondem aos de uma quantidade pseudo-escalar e, portanto, esta excitação pode ser identificada com o píon. A pequena massa do píon seria consequência de uma simetria aproximada apenas.

## 2 Cromodinâmica Quântica

A QCD é a teoria fundamental das interações fortes. Ela descreve muito bem fenômenos a altíssimas energias e grandes momentos transferidos. Nestes casos, devido à liberdade assintótica esses processos podem ser resolvidos de forma perturbativa. Para processos com energia da ordem de alguns GeV a QCD não pode ser tratada perturbativamente. Fenômenos não perturbativos, como o confinamento da cor e a quebra espontânea da simetria quiral (QES$\chi$) ainda estão para ser derivados de uma maneira precisa da QCD a partir de primeiros princípios. Atualmente, a formulação da QCD na rede é o único método de primeiros princípios disponível, no entanto, os resultados obtidos até o momento ainda carecem de precisão suficiente. Isto faz com que tenhamos que recorrer a outros caminhos para uma melhor descrição de fenômenos como estrutura de hádrons e suas interações a energias mais baixas. É neste ponto que os modelos aparecem como única alternativa.

A Lagrangiana da QCD,

$$\mathcal{L}_{QCD} = \overline{\psi}(i\slashed{D} - m)\psi - \frac{1}{4}F^{\mu\nu}F_{\mu\nu}, \tag{2}$$

onde $D_\mu = \partial_\mu - igA^\mu$, é invariante diante de uma transformação quiral nos campos, da forma mostrada na Eq. (1), quando $m = 0$. Analogamente, modelos podem ser construídos de forma a possuírem Lagrangianas que também são invariantes quirais mas que são mais simples de serem tratadas. Deste modo, a quebra espontânea da simetria quiral pode ser estudada num contexto mais simples e, presumivelmente, os modelos podem esclarecer sobre os mecanismos que levam a esta quebra na QCD.

O primeiro modelo que surgiu com esta intenção foi o modelo de Nambu–Jona-Lasinio [2] (NJL). Ele foi construído inicialmente em termos dos graus de liberdade de nucleons. Com o advento da QCD, o modelo foi adaptado para graus de liberdade de quarks. Esse modelo explica muito bem a QES$\chi$, porém por considerar a interação entre os férmions como sendo puntiforme, ele não incorpora o confinamento da cor. Uma classe de modelos que vêm recebendo bastante atenção ultimamente são os inspirados na formulação da QCD no gauge de Coulomb [3]. Estes modelos podem ser usados tanto para explicar a QES$\chi$ quanto o confinamento.

## 3 Modelo de Quarks Baseado na QCD no Gauge de Coulomb

O setor fermiônico do Hamiltoniano da QCD no gauge de Coulomb pode ser escrito da forma:

$$\begin{aligned} H &= \int d^3x \left[ \psi^\dagger(\vec{x})(-i\vec{\alpha}\cdot\vec{\nabla})\psi(\vec{x}) \right. \\ &\quad + \left. \frac{1}{2}\int d^3y \sum_\Gamma \psi^\dagger(\vec{x})T^a\Gamma\psi(\vec{x})V_\Gamma(\vec{x}-\vec{y})\psi^\dagger(\vec{y})T^a\Gamma\psi(\vec{y}) \right], \end{aligned} \quad (3)$$

onde, $\Gamma = 1$, $\xi\alpha^i$, $\alpha^i = \gamma^0\gamma^i$, com $\xi$ sendo um parâmetro livre e $V_\Gamma$ um potencial. Este potencial é introduzido para modelar as interações não-lineares da QCD que, supostamente, levam ao confinamento dos quarks. Um potencial efetivo pode ser derivado de diferentes maneiras, as mais conhecidas são: cálculos auto-consistentes no setor gluônico do Hamiltoniano da QCD [4], e QCD na Rede [5].

Podemos construir o vácuo de quebra de simetria quiral a partir do vácuo invariante com a população deste com pares de quark-antiquark, da forma:

$$|\Omega\rangle = U(\phi_k)|0\rangle, \quad (4)$$

onde

$$U(\phi_k) = \exp\left\{\int d^3k\, \phi_k\, q^\dagger(\vec{k})\,\vec{\sigma}\cdot\hat{k}\,\overline{q}^\dagger(\vec{k})\right\}. \quad (5)$$

Os operadores $q$ e $\bar{q}$ para quarks e anti-quarks, respectivamente, aniquilam o vácuo $|0\rangle$. A transformação dada pela Eq. (4) introduz o chamado ângulo quiral ($\phi_k$). Quantidades físicas que indicam quebra da simetria quiral podem ser obtidas a partir do cálculo deste $\phi_k$, como os condensados de quarks no vácuo, a massa dos quarks constituintes e a constante de decaimento do píon.

O ângulo quiral pode ser determinado minimizando o valor esperado do Hamiltoniano no novo vácuo $|\Omega\rangle$ com relação a $\phi_k$. Desta forma, obtemos a equação de gap,

$$A(\vec{k})\cos\phi_k - B(\vec{k})\sin\phi_k = 0, \tag{6}$$

onde

$$A(\vec{k}) \equiv \frac{2}{3}\int d^3p\,(1+3\xi)\tilde{V}(\vec{k}-\vec{p})\sin\phi_p \tag{7}$$

e

$$B(\vec{k}) \equiv \vec{k} + \frac{2}{3}\int d^3p\,(1+\xi)(\hat{k}\cdot\hat{p})\,\tilde{V}(\vec{k}-\vec{p})\cos\phi_p. \tag{8}$$

De posse da solução da equação de gap, podemos calcular as propriedades do vácuo que caraterizam a quebra dinâmica da simetria quiral, como o condensado de quarks. Também, podemos calcular o espectro hadrônico, estudar interações hadrônicas e, ainda, propriedades da matéria de quarks. Este último assunto é importante em análises de estrelas de quarks e de transições de fase para a formação do plasma de quarks e glúons em espalhamentos de núcleos atômicos a altíssimas energias. O problema é complicado numericamente porque cada termo da equação de gap envolvendo $A(\vec{k})$ e $B(\vec{k})$ na Eq. (6), é divergente no infra-vermelho - no entanto, as divergências se anulam na diferença entre os dois termos. Por este motivo, entre outros, ainda estamos em fase de calibração de parâmetros, calculando propriedades estáticas, e não mostraremos nenhum resultado quantitativo para a matéria de quarks. Porém de uma forma resumida podemos dizer toda a análise para a matéria de quarks pode ser feita após a solução da equação de gap e da obtenção do valor de $\phi(k)$. A equação de gap é obtida variando $\mathcal{E} = \frac{\langle M|H|M\rangle}{\langle M|M\rangle}$ com relação a $\phi(k)$, onde $|M\rangle$ é o estado de matéria nuclear. De posse da densidade de energia, podemos obter as equações de estado para a matéria de quarks.

## 4 Perspectivas

As aplicações que temos em vista são várias. O estudo da matéria de nucleons, um sistema em que os quarks estão confinados em singletos de três quarks, é o primeiro passo. Este estudo é importante tendo em vista análises de transições de fase entre a matéria de nucleons e de quarks. O entendimento da restauração da simetria quiral e do desconfinamento dos quarks como função da densidade é um dos assuntos de maior interesse na atualidade. O modelo descrito aqui deve ser útil para estes tipos de estudos. Uma outra perspectiva é o estudo de espalhamentos hádron-hádron, como NN [6] e KN [7].

Trabalho parcialmente financiado pela FAPESP e o CNPq.

# Referências

[1] Y. Nambu, Phys. Rev. Lett. 4 (1960) 380.

[2] Y. Nambu e G. Jona-Lasinio, Phys. Rev. 122 (1961) 345.

[3] N.H Christ e T.D. Lee, Phys. Rev. D 22 (1980) 939.

[4] A.P. Szczepaniak e E.S. Swanson, Phys. Rev. D 65 (2002) 025012.

[5] A. Cucchieri e D. Zwanziger, Phys. Rev. D 65 (2002) 014001; Phys. Rev. Lett. 78 (1997) 3814.

[6] D. Hadjimichef, J. Haidenbauer e G. Krein, Phys. Rev. C 63 (2001) 035204.

[7] D. Hadjimichef, J. Haidenbauer e G. Krein, nucl-th/0209026.

# Contribuições do modelo eletrofraco $SU(3)_L \times U(1)_N$ para a matéria escura auto-interagente

Douglas Fregolente [1] e Mauro D. Tonasse [2]
Instituto Tecnológico de Aeronáutica, Departamento de Física
Praça Mal. Eduardo Gomes, 50, São José dos Campos, SP

**Resumo**

Mostramos no presente trabalho que o chamado modelo eletrofraco 3-3-1 pode fornecer um candidato à matéria escura auto interagente. Essa partícula não é imposta arbitrariamente no modelo e nenhuma simetria nova é necessária para estabilizá-la.

A existência de algum tipo de matéria que só pode ser detectada pela sua interação gravitacional com a matéria ordinária é, atualmente, um fato bem estabelecido. A presença desta *matéria escura* é confirmada por evidências observacionais e sugerida por previsões teóricas de modelos inflacionários. Acredita - se que os candidatos a esse tipo de matéria sejam partículas elementares que surgem em extensões do modelo padrão de física de partículas. Estas extensões apresentam várias partículas exóticas e portanto, é possível que alguma delas possam exibir propriedades que as qualifique como bons candidatos à matéria escura.

Recentemente, D. Spergel e P. Steinhardt propuseram que algumas das inconsistências que surgem em modelos usuais de matéria escura [2] podem ser eliminadas se assumirmos um modelo de matéria escura auto-interagente (SIDM [3]) [3]. Apesar dos debates sobre algumas de suas previsões [2], os modelos de SIDM são motivados como alternativas razoáveis aos modelos usuais de matéria escura. A principal propriedade desse modelo é que a seção de choque de espalhamento das partículas de matéria escura é grande, enquanto que as de aniquilação e dispersão são desprezíveis. Isso permite que o transporte de calor devido a auto interação seja suficiente para expandir o núcleo do halo e diminuir sua densidade central. Vários autores têm proposto modelos nos quais um singleto escalar específico, que satisfaz as propriedades de SIDM é introduzido no modelo padrão de maneira "*ad hoc*". Para ser estável, este

---

[1] Email: douglas@fis.ita.br
[2] Email: tonasse@fis.ita.br
[3] Self-Interacting Dark Matter

escalar não pode interagir fortemente com as partículas do modelo padrão e algum tipo de simetria extra é introduzida (geralmente U(1)).

No presente trabalho, examinamos a possibilidade de que a proposta de SIDM possa ser realizada em uma teoria de gauge realística, construída com uma motivação independente. Essa argumentação é apresentada no contexto de uma teoria de gauge baseada no grupo de simetria $SU(3)_L \otimes U(1)_N$ de interações eletrofracas [6]. A característica mais interessante dessa classe de modelos é que o mecanismo de cancelamento de anomalias está diretamente ligado ao número de famílias do setor fermiônico [7].

Aqui trabalharemos com uma versão do modelo com apenas três tripletos de Higgs no setor escalar [8]. Resumiremos agora, os pontos mais importantes do modelo. Os campos de léptons e quarks de mão esquerda são tripletos de $SU(3)_L$ dados por $\psi_{aL} = (\nu_a \; \ell_a \; P_a)_L^T \sim (\mathbf{3}, 0)$, $Q_{1L} = (u_1 \; d_1 \; J_1)_L^T \sim (\mathbf{3}, 2/3)$ e $Q_{\alpha L} = (J_\alpha \; u_\alpha \; d_\alpha)_L^T \sim (\mathbf{3}^*, -1/3)$. Aqui, $\alpha = 2, 3$, $\ell = e, \mu, \tau$ e $P_a$ são léptons exóticos. Cada campo de férmion carregado de mão esquerda tem seu equivalente de mão direita, que se transforma como singleto do grupo $SU(3)_L$.

No setor de gauge, o modelo prevê, além dos $W^\pm$ and $Z^0$ padrões, os bósons de gauge extras $V^\pm$, $U^{\pm\pm}$ e $Z'^0$. A massa dos férmions e dos bósons de gauge são geradas pela introdução dos três tripletos de Higgs, $\eta = (\eta^0 \; \eta_1^- \; \eta_2^+)^T \sim (\mathbf{3}, 0)$, $\rho = (\rho^+ \; \rho^0 \; \rho^{++})^T \sim (\mathbf{3}, 1)$, $\chi = (\chi^- \; \chi^{--} \; \chi^0)^T \sim (\mathbf{3}, -1)$. Os campos escalares neutros adquirem os valores esperados de vácuo $\langle\eta^0\rangle = v$, $\langle\rho^0\rangle = u$, e $\langle\chi^0\rangle = w$, com $v^2 + u^2 = v_W^2 = 246^2$ GeV$^2$. O padrão de quebra de simetria é $SU(3)_L \otimes U(1)_N \xmapsto{\langle\chi\rangle} SU(2)_L \otimes U(1)_Y \xmapsto{\langle\rho,\eta\rangle} U(1)_{em}$. Logo, é razoável supor que $w \gg v, u$.

Os potencial de Higgs é

$$V(\eta, \rho, \chi) = \cdots + a_3 \left(\chi^\dagger \chi\right)^2 + a_5 \left(\eta^\dagger \eta\right) \left(\chi^\dagger \chi\right) + a_6 \left(\rho^\dagger \rho\right) \left(\chi^\dagger \chi\right) + \\ + \frac{1}{2} \left(f \epsilon^{ijk} \eta_i \rho_j \chi_k + \text{H. c.}\right), \quad (1)$$

onde $(\cdots)$ representa os termos que não serão relevantes neste trabalho, com $a_3, f < 0$ para que as massas dos escalares sejam positivas [9].

A quebra de simetria é iniciada quando os escalares neutros são deslocados fazendo $\varphi = v_\varphi + \xi_\varphi + i\zeta_\varphi$, com $\varphi = \eta^0, \rho^0, \chi^0$. A parte real dos campos deslocados levam a três campos escalares físicos, $H_1^0$, $H_2^0$ e $H_3^0$ definidos por,

$$\begin{pmatrix} \xi_\eta \\ \xi_\rho \end{pmatrix} \approx \frac{1}{v_W} \begin{pmatrix} v & u \\ u & -v \end{pmatrix} \begin{pmatrix} H_1^0 \\ H_2^0 \end{pmatrix}, \quad \xi_\chi \approx H_3^0, \quad (2)$$

onde estamos utilizando $w \gg v, u$. Podemos identificar o escalar $H_1^0$ com o Higgs do modelo padrão, uma vez que sua massa quadrada

$$m_1^2 \approx 4\frac{a_2 u^4 - a_1 v^4}{v^2 - u^2}, \qquad (3)$$

não apresenta nenhuma constante associada com a quebra do 3-3-1 para o modelo padrão. Por outro lado, $H_3^0$, com massa quadrada $m_3^2 \approx -4a_3 w^2$ é um escalar típico do 3-3-1. Logo, não existe nenhum bóson de Goldstone sem massa da parte real do setor escalar. Além disso, da parte imaginária teremos dois Goldstones e um estado físico com massa com autoestado $\zeta_\chi \approx h^0$ e massa quadrada

$$m_h^2 = -f\frac{v_W^2 w^2 + v^2 u^2}{vuw}. \qquad (4)$$

É importante notar que $\zeta_\eta$ e $\zeta_\rho$ são Goldstones puros.

Para encontrar um candidato realístico a SIDM, vamos ao setor escalar do modelo. Para isso, examinamos se algum dos estados físicos podem ser estáveis e se satisfazem os critérios de SIDM [3].

Pode-se checar, através de cálculos diretos com as lagrangeanas da Ref. [9] e com o potencial (1), utilizando os autoestados acima, que, tanto o escalar de Higgs $h_0$ e o $H_3^0$ podem, em princípio, satisfazer os critérios de SIDM. Eles não interagem diretamente com os campos do modelo padrão, exceto com o Higgs padrão. Entretanto, preferimos utilizar o $h_0$, uma vez que checamos que é mais fácil obter uma grande seção de choque de auto interação para este campo, em relação ao $H_3^0$, através de um escolha adequada de parâmetros.

Diferentemente dos singletos das Refs [4, 5], onde uma simetria extra deve ser imposta a fim de estabilizar a partícula, nesse modelo, o decaimento do escalar $h_0$ é automaticamente proibido em todas as ordens de expansão perturbativa. Isso é devido às seguintes propriedades: i) este escalar surge do tripleto $\chi$, que induz a quebra espontânea de simetria do modelo 3-3-1 para o modelo padrão. Logo, os férmions e bósons de gauge do modelo padrão não acoplam com $h_0$, ii) o escalar $h_0$ surge da parte imaginária do tripleto de Higgs $\chi$. Como mencionado acima, as partes imaginárias de $\eta$ e $\rho$ são Goldstones puros. Logo, não existe campos escalares físicos que podem misturar com $h_0$. Então, as únicas interações do $h_0$ surgem do potencial escalar e são $H_3^0 h^0 h^0$ e $H_1^0 h^0 h^0$. Esta última tem intensidade $2i(a_5 v^2 + a_6 u^2)/v_W \equiv 2i\Theta$. Podemos checar também que o $h^0$ não interage com outras partículas exóticas.

Dessa forma, se $v \sim u \sim (100 - 200)$ GeV e $-1 \leq a_5 \sim a_6 \leq 1$, o $h^0$ pode interagir apenas fracamente com a matéria ordinária através do bóson de Higgs do modelo padrão. A interação quártica relevante para espalhamento é $h^0 h^0 h^0 h^0$ cuja intensidade é $-ia_3$. Outras interações quárticas envolvendo $h^0$ e outros escalares neutros são proporcionais a $1/w$ e, portanto podemos desprezá-las. A seção de choque para o processo $h^0 h^0 \to h^0 h^0$ via interação quártica é $\sigma = a_3^2/64\pi m_h^2$. A contribuição das interações trilineares via troca de $H_1^0$ e $H_3^0$ são desprezíveis. Não há nenhuma contribuição para o processo envolvendo a troca de bósons vetoriais e escalares. Uma partícula de SIDM deve ter livre caminho médio no intervalo 1 kpc $< \Lambda <$ 1 Mpc onde $n = \rho/m_h$ é a densidade numérica do escalar $h^0$ e $\rho$ é a densidade no raio solar [3]. Logo, com $a_3 = -1, -0,208 \times 10^{-7}$ GeV $\leq f \leq -0,112 \times 10^{-6}$ GeV, $w = 1000$ GeV, $u = 195$ GeV e $\rho = 0,4$ GeV/cm$^3$, obtemos o limite de Spergel-Steinhardt, isto é $2 \times 10^3$ GeV$^{-3} \leq \sigma/m_h \leq 3 \times 10^4$ GeV$^{-3}$ [3].

Com estes valores para os parâmetros, temos pela equação (4) que 5.5 MeV $\leq m_h \leq$ 29 MeV. Isso quer dizer que esta partícula de matéria escura é não relativística na época do desacoplamento (temperatura do desacoplamento $\sim$ 1 eV) e, para um bóson de Higgs padrão com massa $\sim$ 100 GeV [1], é produzida termicamente principalmente pelo decaimento do Higgs padrão no equilíbrio térmico [4]. A densidade do escalar $h^0$ devido ao decaimento do Higgs $H_1^0$ pode ser obtida seguindo o procedimento padrão [10]. Tomando $m_h = 7.75$ MeV, $v = 174$ GeV, $a_5 = 0,65$, $-a_6 = 0,38$ (no cálculo original, entretanto, utilizamos uma precisão maior para $a_5$ e $a_6$) e $m_1 = 150$ GeV. Com estes valores, obtemos $\Omega_h = 0,3$. Dessa maneira sem impor nenhuma simetria nova ou campo, o modelo 3-3-1 possui um escalar que pode satisfazer todas as propriedades requeridas para a SIDM sem superpopular o Universo.

O candidato a SIDM apresentado aqui difere dos modelos de singletos das Refs. [4, 5] em um ponto importante. Como discutimos anteriormente, a partícula surge em um modelo proposto com uma outra motivação e que possue uma fenomenologia independente. Logo, os valores dos parâmetros que utilizamos aqui não comprometem os limites existentes no modelo. Podemos obter $m_1 \approx 150$ GeV na eq. (4) com $a_1 = 1,2$ e $a_2 = 0,36$. Por outro lado, deve-se notar que $m_h$ é pequeno, uma vez que $-f \sim \left(10^{-7} - 10^{-6}\right)$ GeV e $u \sim 195$ GeV. Entretanto, o $h_0$ não se aclopa as partículas do modelo padrão exceto com o bóson de Higgs. Dessa maneira, o $h_0$ escapa das atuais buscas em aceleradores. As constantes $a_5$ e $a_6$ não entram nas massas das partículas do modelo e portanto, são livres neste modelo [9].

Finalmente, podemos concluir que o limite de Spergel-Steinhardt para SIDM pode ser realizado no modelo 3-3-1 sem a necessidade de qualquer nova simetria ou novo campo. Argumenta-se, no contexto dos modelos com singleto das Refs. [4, 5], que tal campo escalar pode ter origem em alguma teoria fundamental como GUT ou supergravidade. Nosso trabalho sugere que não precisamos alcançar energias extremamente altas para acessar a origem da matéria escura. O modelo 3-3-1, que pode manifestar-se em energias da ordem de poucos GeV ou menos, pode fornecer uma partícula de matéria escura.

# Referências

[1] K. Hagiwara *et al.* (Particle Data Group), Phys. Rev. D 66 (2002) 010001-1.

[2] R. Davé, D. N. Spergel, P. J. Steinhardt e B. D. Wandelt, Astrophys. J., 547 (2001) 574.

[3] D. N. Spergel e P. J. Steinhardt, Phys. Rev. Lett. 84 (2000) 3760.

[4] J. McDonald, Phys. Rev. Lett. 88 (2002) 091304.

[5] C. P. Burgess, M. Pospelov e T. ter Veldhuis, Nucl. Phys. B 619 (2001) 709; M. C. Bento, O. Bertolami, R. Rosenfeld e L. Teodoro, Phys. Rev. D 62 (2000) 041302; D. E. Holz e A. Zee, Phys. Lett. B 517 (2001) 239.

[6] R. Foot, O. F. Hernandez, F. Pisano e V. Pleitez, Phys. Rev. D 47 (1993) 4158; F. Pisano e V. Pleitez, Phys. Rev. D 46 (1992) 410; P. H. Frampton, Phys. Rev. Lett. 69 (1992) 2889.

[7] D. Fregolente e M. D. Tonasse, aceito para publicação em Physics Letters B.

[8] V. Pleitez e M. D. Tonasse, Phys. Rev. D 48 (1993) 2353.

[9] M. D. Tonasse, Phys. Lett. B 381 (1996) 191.

[10] E. W. Kolb e M. S. Turner, *The early universe*, (Addison-Wesley Pub. Co., Reading, 1990).

# Ruído Radiativo em Circuitos com Indutância

A. J. Faria[1], H. M. França e R. C. Sponchiado

*Instituto de Física - Universidade de São Paulo*

*São Paulo - SP, Caixa Postal 66318, CEP 05315-970*

**Resumo:** Examinamos os efeitos do campo magnético do vácuo (térmico e de ponto-zero) sobre um solenóide macroscópico de um circuito elétrico. Concluímos que existem flutuações de tensão e corrente no circuito associadas à ação do campo magnético flutuante nas espiras do solenóide. Este efeito foi denominado ruído radiativo. O primeiro cálculo publicado utiliza o teorema flutuação-dissipação para mostrar a possibilidade de existência do ruído radiativo. A demonstração do ruído radiativo em circuitos com indutância foi feita através de um cálculo detalhado do vetor de Poynting dos campos em torno do solenóide.

## 1 Introdução

Os resultados usuais obtidos para o fenômeno do ruído de Nyquist pressupõe fundamentalmente que o circuito elétrico comporta-se de maneira similar a um oscilador harmônico em equilíbrio termodinâmico com o meio [1]. Uma das maneiras de estudar o ruído de Nyquist é escrevendo a equação de Langevin do circuito elétrico, porém tal procedimento tem a limitação de valer para um circuito muito pequeno, o que pode ser muito diferente de um circuito real.

Foi feito um artigo por Blanco, França, Santos e Sponchiado [2] procurando entender quais mudanças podem ocorrer no circuito quando consideramos sua estrutura espacial. Nesse trabalho estuda-se o ruído presente em circuitos com indutância, cujo indutor tem uma forma macroscópica. O limite de comprimento de onda longo é usado. Deve-se considerar também que o circuito está em equilíbrio termodinâmico com um banho de radiação à uma temperatura $T$. Todo o estudo realizado é feito no âmbito da Eletrodinâmica Estocástica

Posteriormente foi feito um artigo original por este autor, França e Sponchiado [3], no qual é demonstrado rigorosamente a presença do ruído radiativo em circuitos elétricos com indutância.

Equivalentemente ao feito na referência [2], vamos considerar um solenóide cilíndrico de raio $a$ e comprimento $l$, feito de $N$ espiras com largura desprezível,

---

[1]email: ajfaria@fma.if.usp.br

orientado na direção $z$ de um sistema de coordenadas. Esse solenóide está ligado a um circuito série sem baterias, cuja resistência ôhmica é $R_{ohm}$, indutância é $L$ e capacitância é $C$. Com estas características apresentadas, se um sinal harmônico de freqüência $\omega$ é aplicado ao circuito, então o solenóide apresenta uma resistência radiativa dada por [4]

$$R_{rad}(\omega) = \frac{2\pi^2 N^2}{3c}\left(\frac{a\omega}{c}\right)^4. \tag{1}$$

Logo a resistência total do circuito é

$$R(\omega, T) = R_{ohm} + R_{rad}(\omega), \tag{2}$$

considerando uma resistência ôhmica $R_{ohm}$ independente da temperatura e da freqüência. Deve-se notar que a resistência ôhmica é a dissipação correspondente ao ruído de Nyquist [1].

As flutuações da corrente e da tensão associadas à resistência radiativa têm sua origem na interação entre o solenóide e o campo magnético livre. O campo magnético livre na direção do eixo do solenóide possui a seguinte função de correlação dependente da freqüência,

$$\langle \tilde{B}_z(\omega)\tilde{B}_z(\omega')\rangle = S_{FV_B}(\omega)\delta(\omega+\omega') = \frac{\hbar\omega^3}{3\pi c^3}\coth\left(\frac{\hbar\omega}{2KT}\right)\delta(\omega+\omega'). \tag{3}$$

O campo magnético livre é considerado um ruído gaussiano e com média igual à zero.

O campo magnético livre provoca a indução de uma força eletromotriz aleatória no circuito, $\varepsilon_B$. Note que ao mesmo tempo que o campo magnético provoca flutuações no circuito, ocorre a dissipação do sistema devido ao dipolo magnético flutuante. Logo é possível escrever o teorema flutuação-dissipação para a tensão elétrica total do circuito,

$$\varepsilon(t) = \varepsilon_N(t) + \varepsilon_B(t), \tag{4}$$

sendo que $\varepsilon_N$ é a tensão flutuante do ruído de Nyquist. As flutuações de origens diferentes são supostas serem não correlacionadas, isto é, $\langle\varepsilon_N(t)\varepsilon_B(t)\rangle = 0$. Isso é razoável, porque o ruído de Nyquist surge da agitação térmica dentro dos fios do circuito, e o novo ruído considerado deve surgir da indução direta da radiação térmica e de ponto-zero. Portanto, como $\langle\varepsilon(t)\rangle = 0$, a relação flutuação-dissipação total do sistema é

$$\langle\tilde{\varepsilon}(\omega)\tilde{\varepsilon}(\omega')\rangle = \frac{\hbar\omega}{2\pi}\left[R_{ohm}(\omega,T) + \frac{2\pi^2 N^2}{3c}\left(\frac{a\omega}{c}\right)^4\right]\coth\left(\frac{\hbar\omega}{2KT}\right)\delta(\omega+\omega'). \tag{5}$$

## 2 Condição de equilíbrio entre o circuito e o ambiente

Para esclarecer a relação entre as flutuações de corrente microscópicas e o conceito macroscópico de resistência radiativa, foi feito um estudo em que se analisa a troca de energia do circuito com os campos eletromagnéticos livre no vácuo [3]. No equilíbrio termodinâmico, não há fluxo médio de energia entre o circuito e a radiação do vácuo a sua volta. Isso significa que a média no ensemble do vetor de Poynting do campo eletromagnético resultante deve ser nula em qualquer ponto do espaço, $\langle \vec{S} \rangle = 0$.

Nesta nova análise não é feita nenhuma hipótese inicial sobre a existência do ruído radiativo, apenas é considerado que a impedância total do circuito é

$$Z(\omega) = R(\omega) + i\left(\omega L - \frac{1}{\omega C}\right), \qquad (6)$$

sendo que a resistência total do circuito $R(\omega)$ é ainda desconhecida.

## 3 Cálculo dos campos gerados pelo solenóide

Analogamente à expressão da tensão total do circuito (4), a corente total é a soma das respectivas correntes $I_N(t)$ e $I_B(t)$. Assim podemos calcular o momento de dipolo magnético do solenóide, $\vec{\mu}$, produzido por estas correntes [4],

$$\vec{\mu} = \frac{\pi N a^2}{c}[I_N(t) + I_B(t)]\hat{\mu}. \qquad (7)$$

A corrente flutuante produzida pelo ruído de Nyquist é bem conhecida (veja [1, 5]) e é expressa na forma de uma relação de correlação.

Com o momento de dipolo magnético calculado, podemos cálcular os campos elétricos e magnéticos que o solenóide emite, gerados pelo ruído de Nyquist e pela indução dos campos livres do vácuo. Logo o campo elétrico de dipolo magnético produzido pelo ruído de Nyquist é (veja [6])

$$\vec{E}_N(\vec{r},t) = -2\int_0^\infty d\omega \frac{\pi N a^2}{c}\tilde{I}_N(\omega)e^{-i\omega t}\vec{H}, \qquad (8)$$

sendo que são definidos os vetores

$$\vec{H} \equiv k^3 e^{ikr}\hat{n} \times \hat{\mu}\left[\frac{1}{kr} + \frac{i}{(kr)^2}\right] \qquad (9)$$

e $\hat{n} \equiv \frac{\vec{r}}{r}$. O correspondente campo magnético é

$$\vec{B}_N(\vec{r},t) = 2\int_0^\infty d\omega \frac{\pi N a^2}{c} \tilde{I}_N(\omega) e^{-i\omega t} \vec{G}, \qquad (10)$$

sendo que

$$\vec{G} \equiv k^3 e^{ikr} \left\{ (\hat{n} \times \hat{\mu}) \times \hat{n} \left(\frac{1}{kr}\right) + [3\hat{n}(\hat{n}\cdot\hat{\mu}) - \hat{\mu}]\left[\frac{1}{(kr)^3} - \frac{i}{(kr)^2}\right]\right\}. \qquad (11)$$

Para calcular os campos de dipolo magnético gerados pela indução dos campos livres no vácuo sobre o solenóide, é necessário obter a correspondente corrente elétrica $I_B$. Para isso escreve-se o campo elétrico livre como

$$\vec{E}_{VF}(\vec{r},t) = -\mathfrak{Re} \sum_{\alpha=1}^{2}\int d^3k \mathfrak{h}(\vec{k},T) e^{-i\omega t+i\vec{k}\cdot\vec{r}+i\theta(\vec{k},\alpha)} \frac{\vec{k}\times\hat{\epsilon}(\vec{k},\alpha)}{k}, \qquad (12)$$

e o campo magnético livre como

$$\vec{B}_{VF}(\vec{r},t) = \mathfrak{Re} \sum_{\alpha=1}^{2}\int d^3k \mathfrak{h}(\vec{k},T) e^{-i\omega t+i\vec{k}\cdot\vec{r}+i\theta(\vec{k},\alpha)} \hat{\epsilon}(\vec{k},\alpha). \qquad (13)$$

Assim, a partir da equação (3), a corrente induzida no solenóide pelo campo magnético (13) é (veja [4])

$$I_B(t) = \mathfrak{Re} \sum_{\alpha=1}^{2}\int d^3k \frac{i\omega \pi N a^2}{cZ(\omega)} \mathfrak{h} e^{-i\omega t+i\theta}(\hat{\epsilon}\cdot\hat{\mu}). \qquad (14)$$

Os campos devido à corrente induzida pelos campos livres do vácuo, $I_B(t)$, podem ser calculados. O campo elétrico é

$$\vec{E}_B(\vec{r},t) = -\mathfrak{Re}\sum_{\alpha=1}^{2}\int d^3k i\omega \left(\frac{\pi N a^2}{c}\right)^2 \frac{\mathfrak{h}}{Z(\omega)} e^{-i\omega t+i\theta}(\hat{\epsilon}\cdot\hat{\mu})\vec{H} \qquad (15)$$

e o respectivo campo magnético é

$$\vec{B}_B(\vec{r},t) = \mathfrak{Re}\sum_{\alpha=1}^{2}\int d^3k i\omega \left(\frac{\pi N a^2}{c}\right)^2 \frac{\mathfrak{h}}{Z(\omega)} e^{-i\omega t+i\theta}(\hat{\epsilon}\cdot\hat{\mu})\vec{G}. \qquad (16)$$

Logo os campos elétrico e magnético resultantes em qualquer ponto do espaço são

$$\begin{aligned}\vec{E}(\vec{r},t) &= \vec{E}_{FV}(\vec{r},t) + \vec{E}_N(\vec{r},t) + \vec{E}_B(\vec{r},t),\\ \vec{B}(\vec{r},t) &= \vec{B}_{FV}(\vec{r},t) + \vec{B}_N(\vec{r},t) + \vec{B}_B(\vec{r},t).\end{aligned} \qquad (17)$$

## 4 A média do vetor de Poynting

Determinados os campos elétrico e magnético resultantes, podemos, então, calcular o vetor de Poynting $\vec{S}$ e o seu valor médio. Calculando-se, então, as médias temporal e das fases aleatórias do vetor de Poynting, temos

$$\langle \vec{S} \rangle = -\frac{c}{2} \left(\frac{\pi N a^2}{c}\right)^2 \int_0^\infty d\omega \frac{\hbar^2}{|Z(\omega)|^2} \left[\frac{2\pi^2 N^2}{3c}\left(\frac{a\omega}{c}\right)^4 + R_{ohm} - \mathfrak{Re} Z(\omega)\right] \cdot$$
$$\cdot (\mathfrak{Re}\vec{H} \times \mathfrak{Re}\vec{G} + \mathfrak{Im}\vec{H} \times \mathfrak{Im}\vec{G}). \tag{18}$$

Esta expressão só é nula quando o integrando é nulo. Isto apenas é possível se

$$R(\omega) = \frac{2\pi^2 N^2}{3c}\left(\frac{a\omega}{c}\right)^4 + R_{ohm} = R_{rad}(\omega) + R_{ohm}. \tag{19}$$

Isto significa que mesmo com a presença do circuito, que está absorvendo e emitindo energia da radiação eletromagnética a sua volta, não existe transferência média de energia em qualquer direção, qualquer que seja a freqüência. Logo a distribuição espectral dos campos do vácuo é estável, apesar da presença do solenóide. Aplicando o teorema flutuação-dissipação para a resistência total obtida em (19), conclue-se que, além do ruído de Nyquist, o ruído radiativo deve necessariamente existir no particular sistema analisado aqui.

## Referências

[1] H. Nyquist, Phys. Rev. 32 (1928) 110.

[2] R. Blanco, H. M. França, E. Santos and R. C. Sponchiado, Phys. Lett. A 282 (2001) 349.

[3] A. J. Faria, H. M. França and R. C. Sponchiado, Phys. Lett. A 345 (2002) 4.

[4] J. D. Jackson, Classical Electrodynamics, 2nd ed., John Wiley and Sons, New York (1975), chapters 9 and 17.

[5] V. L. Ginzburg, Applications of Electrodynamics in Theoretical Physics and Astrophysics, Gordon and Breach, New York (1989), chapter 14.

[6] T. H. Boyer, Phys. Rev. D 11 (1975) 790.

# Estudo sobre Elementos de Linha de Modelos Cosmológicos

R.R. Cuzinatto[2]

*Instituto de Física Teórica – Universidade Estadual Paulista*

*Rua Pamplona 145 01405-900 São Paulo SP Brasil*

*Resumo*

Analisaremos rapidamente a forma dos elementos de linha $ds^2$ de dois modelos clássicos da cosmologia física: o modelo de Friedmann e o de De Sitter. O primeiro alcançou a posição de modelo padrão para a evolução do universo quando foi bem sucedido em explicar a expansão do universo, a nucleossíntese dos elementos leves e o fundo de radiação em microondas. Porém, este modelo não é definitivo, uma vez que não prevê o período de inflação que deve ter acontecido antes da nucleossíntese e tampouco explica a expansão acelerada do universo atual, observada desde 1997. De outro lado está o modelo de De Sitter, que admite uma expansão acelerada do tipo exponencial para o fator de escala cósmico por meio da constante cosmológica ou, equivalentemente, de uma equação de estado exótica $p = -\epsilon$. Esse poderia, então, complementar a descrição do universo. Dito isto, parece conveniente compatibilizar os modelos aproveitando as vantagens de cada um; e foi esta a motivação deste estudo.

## 1 O Modelo Padrão da Cosmologia

### 1.1 Intervalo Quadrático de Friedmann-Robertson-Walker

Um intervalo quadrático genérico tem a forma $ds^2 = g_{\mu\nu}dx^\mu dx^\nu$, onde $ds$ é o elemento de linha; $g_{\mu\nu}$ é o tensor métrico que descreve a geometria do espaço-tempo; e $x^\mu$ são as coordenadas do espaço-tempo ($\mu, \nu = 0, 1, 2, 3$).[1]

Para encontrar o $ds^2$ de Friedmann-Robertson-Walker (FRW) usamos duas hipóteses:

**(I) Postulado de Weyl**: as linhas de mundo das galáxias designadas como observadores fundamentais formam um conjunto de geodésicas não-interseptantes ortogonais a uma série de superfícies do tipo espaço.

---

[2]e-mail: rodrigo@ift.unesp.br

O resultado desta exigência é a separação da parte temporal da seção espacial em $ds^2$:

$$ds^2 = c^2 dt^2 + g_{ij} dx^i dx^j. \tag{1}$$

**(II) Princípio Cosmológico** ou *Princípio de Copérnico*: o universo é *homogêneo* e *isotrópico* para qualquer valor do tempo cósmico $t$.

Qual deveria ser a geometria de um universo com tais propriedades?

A seção espacial do universo deve ser descrita por uma das superfícies tri-dimensionais de curvatura constante: *(i) hiperesfera*, representando um universo fechado (finito e ilimitado); *(ii) superfície tri-dimensional plana*, caracterizando um universo aberto (infinito); *(iii) hiper-superfície hiperbólica*, tipificando também um universo aberto (infinito).

O elemento de linha espacial de tais superfícies é escrito como:

$$d\sigma^2 = a^2 \left[ \frac{dr^2}{1-kr^2} + r^2 \left( d\theta^2 + \sin^2\theta d\phi^2 \right) \right], \tag{2}$$

sendo: $k = 1$ para superfície esférica; $k = -1$ para superfície hiperbólica; $k = 0$ para superfície plana; e $a = constante$ (pseudo-raio da superfície).

Com isso, determinamos os $g_{ij}$ e terminamos a construção de $ds^2$ de FRW:

$$ds^2 = c^2 dt^2 - a^2(t) \left[ \frac{dr^2}{1-kr^2} + r^2 \left( d\theta^2 + \sin^2\theta d\phi^2 \right) \right], \tag{3}$$

em que fizemos, por generalidade, $a = a(t)$.

### 1.1.1 Uma nova Forma para o Elemento de Linha de FRW

Podemos restituir a dimensão à coordenada radial e reescrever $ds^2$ de FRW (para posterior comparação com o elemento de linha do modelo de de Sitter) por meio da transformação de coordenada $r^2 = \bar{r}^2/\mathcal{R}^2$ em que $\mathcal{R} = a(t_{fixo}) \neq 0$.

Com isso o elemento de linha de FRW passa a:

$$ds^2 = c^2 dt^2 - e^{g(t)} \left[ \frac{d\bar{r}^2}{1-k\left(\bar{r}^2/\mathcal{R}^2\right)} + \bar{r}^2 \left( d\theta^2 + \sin^2\theta d\phi^2 \right) \right], \tag{4}$$

onde definimos a quantidade adimensional

$$\frac{a^2(t)}{\mathcal{R}^2} \equiv e^{g(t)}. \tag{5}$$

## 2 Espaço-Tempo de de Sitter

### 2.1 O Elemento de Linha Estático para Sistemas com Simetria Esférica

O elemento de linha mais geral correspondente a um sistema com simetria esférica é [2]:

$$ds^2 = e^\nu dt^2 - e^\lambda dr^2 - r^2 d\theta^2 - r^2 \sin^2\theta d\phi^2, \tag{6}$$

onde $\lambda = \lambda(r)$ e $\nu = \nu(r)$ são funções apenas de $r$ e não de $r$ e $t$ dado o caráter estático do sistema ($c = 1$).

Suponhamos que o nosso sistema seja constituído por um *fluido perfeito*, para o qual vale

$$T^{\mu\nu} = (\rho + p)\frac{dx^\mu}{ds}\frac{dx^\nu}{ds} - g^{\mu\nu}p. \tag{7}$$

O caráter estático do sistema impõe, ainda, a validade de

$$\frac{dr}{ds} = \frac{d\theta}{ds} = \frac{d\phi}{ds} = 0 \quad \text{e} \quad \frac{dt}{ds} = e^{-\nu/2}. \tag{8}$$

Empregando as informações que nos trazem as eqs. (6), (7) e (8) nas Equações de Einsteins da Relatividade Geral encontramos:

$$8\pi p = e^{-\lambda}\left(\frac{\nu'}{r} + \frac{1}{r^2}\right) - \frac{1}{r^2} + \Lambda \tag{9}$$

$$8\pi p = e^{-\lambda}\left(\frac{\nu''}{2} - \frac{\lambda'\nu'}{4} + \frac{\nu'^2}{4} + \frac{\nu' - \lambda'}{2r}\right) + \Lambda \tag{10}$$

$$8\pi\rho = e^{-\lambda}\left(\frac{\lambda'}{r} - \frac{1}{r^2}\right) + \frac{1}{r^2} - \Lambda, \tag{11}$$

onde as linhas representam derivação com relação a $r$ e $G = c = 1$.

Igualando (9) e (10) resulta a equação para o *gradiente de pressão*:

$$\frac{dp}{dr} + (\rho + p)\frac{\nu'}{2} = 0. \tag{12}$$

Invocamos, então, a *hipótese de homogeneidade* para impor que a pressão é a mesma em todos os pontos do espaço, i.e. $\frac{dp}{dr} = 0$ e empregamos (12) para concluir que: $\nu' = 0$; $\nu' = 0$ e $\rho + p = 0$; ou

$$\rho + p = 0. \tag{13}$$

Esta última possibilidade leva ao *modelo de de Sitter*.

## 2.2 O Intervalo Quadrático de de Sitter

As equações (9)-(11) e a condição (13) decidem a forma das funções antes arbitrárias:
$$e^{-\lambda} = e^{\nu} = 1 - \frac{\Lambda + 8\pi\rho}{3}r^2. \tag{14}$$

Com (6), (14) e a definição $(\Lambda + 8\pi\rho)/3 = 1/\mathcal{R}^2$ escrevemos o elemento de linha do espaço-tempo de de Sitter:

$$ds^2 = -\frac{dr^2}{1 - \frac{r^2}{\mathcal{R}^2}} - r^2 d\theta^2 - r^2 \sin^2\theta d\phi^2 + \left(1 - \frac{r^2}{\mathcal{R}^2}\right) dt^2. \tag{15}$$

### 2.2.1 Outra Forma do Intervalo Quadrático de de Sitter

A transformação para as novas variáveis

$$\bar{r} = \frac{r}{\sqrt{1 - r^2/\mathcal{R}^2}} e^{-t/\mathcal{R}} \quad \text{e} \quad \bar{t} = t + \frac{1}{2}\mathcal{R} \ln\left(1 - \frac{r^2}{\mathcal{R}^2}\right),$$

que resulta no elemento de linha

$$ds^2 = d\bar{t}^2 - e^{2\bar{t}/\mathcal{R}} \left(d\bar{r}^2 + \bar{r}^2 d\theta^2 + \bar{r}^2 \sin^2\theta d\phi^2\right), \tag{16}$$

foi descoberta independentemente por *Lemaître* e *Robertson*. Omitindo as barras sobre $\bar{r}$ e $\bar{t}$ e introduzindo a definição $K = 1/\mathcal{R}$, escrevemos o $ds^2$ acima como

$$ds^2 = dt^2 - e^{2Kt} \left(dr^2 + r^2 d\theta^2 + r^2 \sin^2\theta d\phi^2\right). \tag{17}$$

## 3 Comentários sobre a relação entre os elementos de linha de de Sitter e de Friedmann

O objetivo é aproximar os modelos de Friedmann e de Sitter via seus intervalos quadráticos $ds^2$. Tomemos, então, o elemento de linha de FRW na forma (4), com $c = 1$, em que $a(t)$ é adimensional, eq. (5). Fixar $k = 0$ neste $ds^2$ significa selecionar uma seção espacial de geometria plana, infinita e ilimitada para cada $t$:

$$ds^2 = dt^2 - e^{g(t)} \left(dr^2 + r^2 d\theta^2 + r^2 \sin^2\theta d\phi^2\right). \tag{18}$$

Comparando o $ds^2$ acima com o $ds^2$ estacionário de de Sitter, eq. (17), notamos a equivalência dos intervalos quadráticos se valer a relação $g(t) = 2Kt$, ou seja, se
$$a(t) = \mathcal{R}e^{t/\mathcal{R}}. \tag{19}$$

Este resultado é idêntico a solução inflacionária,
$$a(t) = \mathcal{R}e^{\sqrt{\frac{\Lambda}{3}}t}, \tag{20}$$

obtida para o modelo de de Sitter quando resolvemos as equações de Friedmann pondo $\rho = p = 0$, se valer $1/\mathcal{R}^2 = \Lambda/3$. Mas esta equação é consistentente com a ausência de fontes no universo de de Sitter: faça $\rho = 0$ na definição $\Lambda + 8\pi\rho/3 = 1/\mathcal{R}^2$ da seção 2.2.

Existe, portanto, um mapeamento do *modelo não-estático de Friedmann de seção espacial de geometria plana* para o *modelo estacionário de de Sitter*, associado a um espaço-tempo necessariamente curvo e hiperbólico para $\Lambda \neq 0$.

## 4 Conclusão

Vimos que é possível estabeler uma *equivalência entre o intervalo quadrático de Friedmann e o de de Sitter*. Porém essa equivalência ocorre sob algumas condições : *(i)* a parametrização de $ds^2$ de Friedmann deve ser aquela em que a coordenada radial carrega dimensão de distância e em que $k = 0$; *(ii)* o elemento de linha de de Sitter deve estar na forma estacionária. Isto representa um passo na direção de entendermos como um paradigma de cenário inflacionário passaria ao modelo padrão.

## Referências

[1] J.V. Narlikar, *Introduction to Cosmology*, 2nd ed., Cambridge University Press, Cambridge, 1993.

[2] R.C. Tolman, *Relativity, Thermodynamics and Cosmology* , Dover Publications, Inc., New York, 1987.

# Correções Não Lineares às Equações de Maxwell

L. C. Costa [1] e J. L. Tomazelli [2]

## Aspectos Históricos

Em 1933, a partir dos trabalhos de Miss L. Meitner e colaboradores, à respeito do espalhamento coerente de raios - $\gamma$ por centros de carga fixa, M. Delbrück [1] mostrou, pela primeira vez sob bases teóricas, que o espalhamento de fótons por um campo eletromagnético externo pode ocorrer.

No ano seguinte, com o advento da teoria do pósitron de Dirac [2], surge a possibilidade de conversão da energia eletromagnética em matéria. Em particular, a teoria prediz o espalhamento fóton-fóton (ou Halpern).

Neste contexto, H. Euler e B. Koeckel [3] consideraram, em 1935, o espalhamento Halpern, o qual foi logo reconhecido como um fenômeno particularmente interessante, visto que, sendo ele característico da eletrodinâmica quantizada, contradiz as noções clássicas da teoria eletromagnética. De fato, este efeito quântico pode ser simulado no âmbito da teoria clássica através da introdução de interações efetivas não lineares. Vale lembrar que este tipo de modificação na teoria eletromagnética clássica era corroborada, na época, pelos trabalhos de Born e Infield [4] sobre uma eletrodinâmica não linear e que hoje é conhecida por Eletrodinâmica de Born-Infield.

Em seus trabalhos, Euler e Koeckel [3] calcularam a seção de choque do espalhamento Halpern e mostraram que, em ordem $\alpha^2$, o elemento de matriz para tal espalhamento é finito. Nesse cálculo, E-K assumiram que a Hamiltoniana de matéria e de campo deveria ser substituida por uma nova Hamiltoniana efetiva (não linear) contendo apenas o campo de radiação. Num trabalho subseqüente, Heisenberg e Euler [5] generalizaram o trabalho de E-K, encontrando uma Lagrangiana efetiva (em ordem de $\alpha^3$) induzida por um campo externo estático e homogêneo, satisfazendo a condição de não produção de pares reais.

Seguindo uma abordagem alternativa e utilizando-se da física de subtrações, Weisskopf [6] deu unidade aos trabalhos de Euler, Kockel e Heisenberg,

[1] Istituto de Física Teórica - Unesp
[2] Faculdade de Engenharia de Guaratinguetá - Unesp

fornecendo uma discussão detalhada sobre a física envolvida em tais processos, em particular, no que se refere à "renormalização da carga elétrica". Weisskopf argumentou ainda que, mesmo para campos que não tenham energia suficiente para a produção do par $e^-e^+$, modificações na eletrodinâmica devem ainda ocorrer.

Isto pode ser justificado intuitivamente pois, ao se considerar que quanta de altas freqüências podem ser absorvidos (pelo vácuo) quando na presença de um campo eletromagnético externo, espera-se que os mesmos sofram efeitos de reflexão e/ou refração, caso não tenham energia suficiente para produzirem pares. Isto é análogo ao espalhamento de um fóton por um átomo, cuja menor freqüência de absorção é grande se comparada com a freqüência do fóton.

Pictoricamente, é como se o vácuo, sob a ação do campo, estivesse adquirindo uma constante dielétrica diferente da unidade e isso fosse sentido pelo quantum, alterando assim o seu comportamento, ou seja, as equações de Maxwell. Para compreendermos a origem de tais correções não lineares à Eletrodinâmica de Maxwell iremos, primeiramente, investigar os efeitos da interação entre os "elétrons de vácuo" associados ao campo de Dirac e um campo eletromagnético externo.

## A Lagrangiana de Euler-Kockel-Heisenberg

Quando se efetua a quantização do campo elétron-pósitron, a expressão para a energia (associada à Hamiltoniana livre) contém o termo constante infinito [7]

$$\varepsilon_0 = -\sum_{\mathbf{p},\sigma} \epsilon_{\mathbf{p}\sigma}^{(-)}. \tag{1}$$

Em princípio, esta energia não tem nenhum significado físico imediato: a energia do vácuo é, por definição, nula. Porém, na presença de um campo eletromagnético, os níveis de energia $\epsilon_{\mathbf{p}\sigma}^{(-)}$ sofrem modificações. Tais modificações descrevem a dependência do campo com relação às propriedades do espaço e alteram as equações do campo eletromagnético no vácuo. A nova Lagrangiana, a qual leva em conta tais modificações, é chamada de Lagrangiana de Euler-Kockel-Heisenberg (E-K-H).

Para derivarmos a Lagrangiana de E-K-H, iremos assumir que os campos **E** e **H** variam tão lentamente no espaço e no tempo que podem ser tratados como sendo uniformes e constantes. Contudo, devemos também assumir que o campo elétrico é suficientemente fraco para que não haja produção de pares.

Em linhas gerais, a obtenção da Lagrangiana se dá a partir do cálculo do desvio $W'$ dos "níveis de energia do vácuo". Mais precisamente, $W'$ corresponde à modificação na "energia de ponto zero" (1), devido à presença do campo externo. Para a calcularmos devemos, antes, subtrair de (1) o valor médio da energia potencial do elétron nos estados de energia negativa. Do ponto de vista físico, tal subtração faz com que a carga do vácuo seja zero por definição.

A partir das considerações acima, pode-se mostrar que a correção $L'$ (i.e., a Lagrangiana de E-K-H) à Lagrangeana $L_0$ de Maxwell é dada por [7]

$$L' = -(\varepsilon_0 - (\varepsilon_0)_{\mathbf{E}=\mathbf{H}=0}), \qquad (2)$$

onde o segundo termo da expressão acima corresponde ao limite onde os campos elétrico ($\mathbf{E}$) e magnético ($\mathbf{H}$) vão a zero.

Para calcularmos $L'$ explicitamente [7]-[8], iremos, primeiramente, restringir-nos ao caso em que há somente um campo magnético uniforme e constante $\mathrm{H}_z = -\mathrm{H}$. Neste caso,

$$-\epsilon^{(-)}_{n,\sigma}(p_z) = -\sqrt{m^2 + (2n+1-\sigma)|e|\mathrm{H} + p_z^2}, \qquad (3)$$

descreve os níveis de Landau do sistema onde $n = 0, 1, 2, 3...$ e $\sigma = \pm 1$.

Para calcularmos a soma sobre os momentos, usamos o fato de que a densidade de estados é dada por

$$\frac{|e|\mathrm{H}}{2\pi}\frac{dp_z}{2\pi}.$$

Além disso, todos os níveis, exceto $n = 0, \sigma = 1$, são duplamente degenerados, i.e., os níveis $n, \sigma = -1$ e $n+1, \sigma = 1$ são coicidentes. Portanto,

$$-\varepsilon_0 = \frac{|e|\mathrm{H}}{(2\pi)^2} \int_{-\infty}^{+\infty} \left\{ \sqrt{m^2 + p_z^2} + 2\sum_{n=1}^{\infty} \sqrt{m^2 + 2|e|\mathrm{H}n + p_z^2} \right\} dp_z. \qquad (4)$$

A divergência na integral acima é eliminada no cálculo de $L'$ ao efetuarmos a subtração da mesma quando $\mathrm{H} \to 0$. Efetuando a integral e a soma na expressão acima, obtemos, a partir da fórmula (2),

$$L' = \frac{m^4}{8\pi^2} \int_0^\infty \frac{e^{-\eta}}{\eta^3} \{-\eta b \coth(b\eta) + 1 + \frac{1}{3}b^2\eta^2\} \, d\eta,$$

onde $b = |e|\mathrm{H}/m^2$ e o último termo no kernel da integral corresponde à renormalização da carga elétrica, introduzida pela primeira vez por Weisskopf [6].

No caso em que, além do campo magnético, existe um campo elétrico **E** paralelo a **H** e satisfazendo a condição de não produção de pares,

$$L' = \frac{m^4}{8\pi^2} \int_0^\infty d\eta \, \frac{e^{-\eta}}{\eta^3} \left\{ -b\eta \coth(b\eta) \, a\eta \cot(a\eta) + 1 + \frac{1}{3}\eta^2 \left(a^2 - b^2\right) \right\},$$

onde $a = |e|E/m^2$. Esta Lagrangiana foi rederivada por Schwinger em 1951 utilizando o formalismo do tempo-próprio [9]

## A Modificação nas Equações de Maxwell

Quando a Lagrangiana de Maxwell $L_0$ é substituida por $L = L_0 + L'$, constatamos que o primeiro par de equações de Maxwell

$$\nabla \cdot \mathbf{H} = 0, \qquad \nabla \times \mathbf{E} = -\frac{\partial \mathbf{H}}{\partial t}, \tag{5}$$

não é modificado. Por outro lado, ao considerarmos a variação da ação efetiva

$$S = \int (L_0 + L') \, d^4x, \tag{6}$$

vemos que o segundo par das equações de Maxwell se torna

$$\nabla \times (\mathbf{H} - 4\pi \mathbf{M}) = \frac{\partial}{\partial t}(\mathbf{E} + 4\pi \mathbf{P}) \tag{7}$$

$$\nabla \cdot (\mathbf{E} + 4\pi \mathbf{P}) = 0, \tag{8}$$

onde

$$\mathbf{P} = \frac{\partial L'}{\partial \mathbf{E}}, \qquad \mathbf{M} = \frac{\partial L'}{\partial \mathbf{H}}. \tag{9}$$

As equações acima têm a mesma forma que as equações macroscópicas de Maxwell [10] para um campo na presença de um meio material. Por isso, **P** e **M** são identificados como os vetores de polarização elétrico e magnético, respectivamente.

Como vemos, os efeitos oriundos da interação entre os "elétrons de vácuo" e o campo externo levam a correções não lineares na Lagrangiana de Maxwell. De fato, $L'$ exprime a soma de uma certa classe de gráficos de Feynman presentes na série perturbativa da QED (como o diagrama de caixa) e que descrevem efeitos não lineares não presentes na teoria clássica. Contudo, uma vez que a natureza do campo eletromagnético considerado é clássica, podemos utilizar a Lagrangiana de E-K-H para descrever também uma teoria eletromagnética clássica contendo fenômenos não lineares, tais como o espalhamento entre ondas eletromagnéticas.

Por fim, vale mencionar que a teoria apresentada neste manuscrito apresenta inumeros desenvolvimentos interessantes cuja atualidade pode ser constatada em [11] e nas referência ali citadas.

LCC agradece a FAPESP pelo suporte financeiro e JLT é grato ao IFT - UNESP pela hospitalidade.

# Referências

[1] M. Delbrück, Zeits. für Phys. **84**, 144 (1933).

[2] P. A. M. Dirac, Proc. Cambr. Phil. Soc., **30**, 150 (1934).

[3] H. Euler and B. Kockel, Naturwiss. **23**, 246 (1935).
H. Euler, Ann. Physik. V **26**, 398 (1936);

[4] M. Born, Proc. Roy. Soc. London A **143**, 410 (1934);
M. Born e L. Infeld, Proc. Roy. Soc. London A **144**, 425 (1934).

[5] W. Heisenberg and H. Euler, Zeits. für Phys. **98**, 714 (1936).

[6] V. Weisskopf, Kgl. Danske Videnskab. Selskab. **14**, No. 6 (1936). A tradução deste artigo para o inglês pode ser encontrada em A. I. Muller, *Early Quantum Electrodynamics:* a source book, Cambridge University Press, (1995).

[7] V. B. Berestetskii, E. M. Lifshitz and L. P. Pitaevskii, *Quantum Electrodynamics*, Butterworth Heinemann, Second Edition, Reprinted (1997).

[8] L. C. Costa, Monografia - Exame de Qualificação de Doutoramento - IFT - Unesp (2002).

[9] J. Schwinger, Phys. Rev. **82**, 664 (1951).

[10] L. D. Landau and E. M. Lifshitz, *Electrodynamics of Continuous Media*, Pergamon (1966).

[11] J. L. Tomazelli, hep-th/0201204;
J. L. Tomazelli e L. C. Costa, hep-th/0210031 e hep-th/0210092.

# Função de Green Iterada na Frente de Luz: Equação de Bethe-Salpeter.

## J. H. O. Sales
*Instituto de Física Teórica, 01405-900 São Paulo, Brasil.*

### Resumo

Construímos a equação de Bethe-Salpeter usando a função de Green na frente de luz para um sistema de N-partículas correlacionadas com a troca de N-2 bósons intermediários. Iterando a função de Green, obtemos uma hierarquia de equações acopladas. Essas equações são consistentes com o truncamento do espaço de Fock na frente de luz.

## 1 Frente de luz

Dirac em 1949 [1], mostrou que é possível construir formas de dinâmicas partindo da descrição do estado inicial de um sistema relativístico em qualquer superfície do espaço-tempo cuja distâncias entre os pontos desta hipersuperfície não tenham conexão causal. Escolhemos uma conhecida como frente de luz, onde as componentes "tempo" e "espaço" estão relacionadas com as coordenadas da frente de luz por:

$$x^+ = x^0 + x^3, \quad x^- = x^0 - x^3 \text{ e } \vec{x}_\perp = x^1 \vec{i} + x^2 \vec{j}. \tag{1}$$

O plano-nulo é definido por $x^+ = 0$, ou seja, esta condição define um hiperplano que é tangente ao cone de luz.

Os momentos canonicamente conjugados às coordenadas $x^+, x^-$ e $x_\perp$ são, respectivamente dados por:

$$k^+ = k^0 + k^3, \quad k^- = k^0 - k^3 \text{ e } \vec{k}_\perp = \left(k^1, k^2\right). \tag{2}$$

Em relação ao espaço-tempo descrito nas coordenadas $t$ e $\vec{x}$, $k^0$ representa a energia, sendo que o momento $k^-$ possue significado análogo na representação das coordenadas na frente de luz.

## 2 Propagador Bosônico

A propagação de uma partícula escalar livre no espaço quadridimensional é representada pelo propagador de Feynman covariante. Fazemos a projeção do propagador de 1-bóson no tempo associado ao plano-nulo, reescrevendo as coordenadas em termos da coordenada temporal, $x^+$, e das coordenadas de posição ($x^-$ e $x_\perp$). Com isto os momentos são dados por $k^-$, $k^+$ e $\vec{k}_\perp$, e portanto, temos

$$S(x^+) = \frac{1}{2} \int \frac{dk^- dk^+ dk^\perp}{(2\pi)} \frac{ie^{\frac{-i}{2}k^- x^+}}{k^+ \left(k^- - \frac{k_\perp^2 + m^2}{k^+} + \frac{i\varepsilon}{k^+}\right)}. \tag{3}$$

Fazendo a transformada de Fourier obtemos o propagador na frente de luz, que descreve a propagação de uma partícula para o futuro e de uma anti-partícula para o passado. Isso pode ser observado pela singularidade no denominador que nos indica que para $x^+ > 0$ e $k^+ > 0$ temos a partícula se propagando para frente no tempo no plano-nulo. Caso contrário, para $x^+ < 0$ e $k^+ < 0$ teremos a anti-partícula propagando-se para o passado.

No caso de um bóson livre a função de Green, para a propagação de partícula é definida pelo operador:

$$G_0^{(1)}(k^-) = \frac{\theta(k^+)}{k^- - k_{on}^-} \tag{4}$$

onde $k_{on}^- = \frac{k_\perp^2 + m^2}{k^+}$ é a energia da partícula.

## 3 Equações hierárquicas

Em geral, a função Green na frente de luz para um sistema de dois corpos poderia ser obtida da solução da equação covariante de Bethe-Salpeter que tem todos os diagramas irredutíveis de dois corpos no kernel e correções de auto-energia no propagador intermediário dos bósons $\Phi_1$ e $\Phi_2$. Podemos obter facilmente a função de Green de dois bósons na frente de luz, sem incluir correções de auto energia nos bósons intermediários, isto é, os "loop's" fechados para os bósons $\Phi_1$ e $\Phi_2$ e diagramas cruzados, como solução do seguinte conjunto de equações hierárquicas:

$$\begin{aligned}
G^{(2)}(K^-) &= G_0^{(2)}(K^-) + G_0^{(2)}(K^-)VG^{(3)}(K^-)VG^{(2)}(K^-) , \\
G^{(3)}(K^-) &= G_0^{(3)}(K^-) + G_0^{(3)}(K^-)VG^{(4)}(K^-)VG^{(3)}(K^-) , \\
G^{(4)}(K^-) &= G_0^{(4)}(K^-) + G_0^{(4)}(K^-)VG^{(5)}(K^-)VG^{(4)}(K^-) , \\
&\quad \ldots \\
G^{(N)}(K^-) &= G_0^{(N)}(K^-) + G_0^{(N)}(K^-)VG^{(N+1)}(K^-)VG^{(N)}(K^-) , \\
&\quad \ldots,
\end{aligned} \tag{5}$$

onde identificamos os elementos de matriz da Hamiltoniana de interação que cria e destrói um quantum correspondente ao campo do bóson intermediário como sendo, respectivamente, dados por

$$\begin{aligned}
<qk_\sigma|V|k> &= -\delta(q+k_\sigma-k)\frac{g}{\sqrt{q^+k_\sigma^+k^+}}\theta(k_\sigma^+), \\
<q|V|k_\sigma k> &= -\delta(k+k_\sigma-q)\frac{g}{\sqrt{q^+k_\sigma^+k^+}}\theta(k_\sigma^+) ;
\end{aligned} \tag{6}$$

Obtemos uma expansão sistemática por truncamento do espaço de Fock na frente de luz de $N$ partículas no estado intermediário (bóson $\Phi_1$, bóson $\Phi_2$ e $N-2$ $\sigma$'s) realizando a seguinte aproximação nas Eq.s(5):

$$G^{(N)}(K^-) \to G_0^{(N)}(K^-) , \tag{7}$$

e a partir desta aproximação resolvemos a hierarquia de equações acopladas.

Restringindo as propagações intermediárias a estados de no máximo três partículas, obtemos as seguintes equações, cuja solução não perturbativa é a função de Green de dois e três corpos:

$$G^{(2)}(K^-) = G_0^{(2)}(K^-) + G_0^{(2)}(K^-)VG^{(3)}(K^-)VG^{(2)}(K^-) , \tag{8}$$

$$G^{(3)}(K^-) = G_0^{(3)}(K^-) + G_0^{(3)}(K^-)VG_0^{(4)}(K^-)VG^{(3)}(K^-). \tag{9}$$

O kernel da Eq.(8) ainda contém uma soma infinita de termos, correspondente à propagação de três corpos na frente de luz, que são obtidos resolvendo-se a Eq.(9). Aproximando a Eq.(9) em ordem $g^0$, temos:

$$G^{(3)}(K^-) \cong G_0^{(3)}(K^-),$$

dessa forma, podemos obter uma equação não-perturbativa com o kernel calculado na ordem $g^2$. Assim a equação (8) resulta em:

$$G_{g^2}^{(2)}(K^-) = G_0^{(2)}(K^-) + G_0^{(2)}(K^-)VG_0^{(3)}(K^-)VG_{g^2}^{(2)}(K^-), \qquad (10)$$

iterando esta equação para $G^{(2)}(K^-)$ até segunda ordem, temos que:

$$\begin{aligned} G_{g^2}^{(2)}(K^-) =\ & G_0^{(2)}(K^-) + \\ & + G_0^{(2)}(K^-)VG_0^{(3)}(K^-)V\left\{G_0^{(2)}(K^-) + \right. \\ & \left. + G_0^{(2)}(K^-)VG_0^{(3)}(K^-)VG_{g^2}^{(2)}(K^-)\right\}. \end{aligned} \qquad (11)$$

A correção perturbativa em segunda ordem na constante de acoplamento da função de Green de dois corpos, é portanto:

$$\Delta G_{g^2}^{(2)}(K^-) = G_0^{(2)}(K^-)VG_0^{(3)}(K^-)VG_0^{(2)}(K^-). \qquad (12)$$

## 4 Equação de Bethe-Salpeter

Próximo à região de energia do estado ligado a função de Green tem um pólo:

$$\lim_{K^- \to K_B^-} G^{(2)}(K^-) = \frac{|\psi_B\rangle\langle\psi_B|}{K^- - K_B^-}, \qquad (13)$$

onde $|\psi_B\rangle$ é a função de onda do estado ligado.

Assim, introduzindo a equação (13) em (10) e efetuando o limite $K^- \to K_B^-$, temos

$$|\Psi_B\rangle = G_0^{(2)}(K_B^-)VG^{(3)}(K_B^-)V|\Psi_B\rangle, \qquad (14)$$

a equação (14) é a equação homogênea de Bethe-Salpeter projetada na frente de luz, e o vértice é definido por $|\Gamma_B\rangle = \left(G_0^{(2)}(K_B^-)\right)^{-1}|\Psi_B\rangle$.

A obtenção da equação integral homogênea para o vértice até a ordem $g^2$, é feita quando multiplicamos a Eq.(14), em ambos os membros, por $\left(G_0^{(2)}\right)^{-1}$ e usando a propriedade $G_0^{(2)}\left(G_0^{(2)}\right)^{-1} = 1$, então na base de momentos cinemáticos, e definindo as frações de momentos $x = \frac{k^+}{K^+}$, e $y = \frac{q^+}{K^+}$, temos que

$$\Gamma_B(\vec{q}_\perp, y) = \int \frac{dx d^2 k_\perp}{x(1-x)} \frac{K^{(3)}(\vec{q}_\perp, y; \vec{k}_\perp, x)}{M_B^2 - M_0^2} \Gamma_B(\vec{k}_\perp, x), \qquad (15)$$

onde a massa livre do sistema de dois bósons, no centro de massa $\vec{K}_\perp = 0$, é dada por $M_0^2 = K^+ K^-_{(2)on} - K_\perp^2 = \frac{k_\perp^2 + m^2}{x(1-x)}$ e

$$K^{(3)}(\vec{q}_\perp, y; \vec{k}_\perp, x) = \frac{g^2}{16\pi^3} \frac{\theta(x-y)}{(x-y)} \times \qquad (16)$$
$$\frac{1}{\left(M_B^2 - \frac{q_\perp^2 + m^2}{y} - \frac{k_\perp^2 + m^2}{1-x} - \frac{(q-k)_\perp^2 + m_\sigma^2}{x-y}\right)} +$$
$$+ [k \leftrightarrow q],$$

sendo $M_B^2 = K_B^+ K_B^-$, no centro de massa onde $\vec{K}_\perp = 0$. Chamamos a atenção que $|\Gamma_B\rangle$ e $\Gamma_B(\vec{q}_\perp, y)$ são relacionados por um fator de espaço de fase, tal que $\Gamma_B(\vec{q}_\perp, y) = \sqrt{q^+(K^+ - q^+)} \langle \vec{q}_\perp, q^+ | \Gamma_B \rangle$.

A generalização para qualquer ordem na constante de acoplamento foi calculada pelo autor [2].

## 5 Conclusão

Desenvolvemos um método geral para a construção da função de Green de dois corpos e construímos a representação da equação de Bethe-Salpeter na frente de luz na aproximação "escada" em ordem $g^2$. Podemos ampliar a hierarquia das equações (5) para os casos dos férmions trocando bósons e bósons de gauge virtuais [3].

**AGRADECIMENTOS:** Agradeço ao Prof. T. Frederico e ao Prof. B.M. Pimentel pelas discussões sobre frente de luz. Este projeto é financiado pela FAPESP (proc.00/09018-0).

## Referências

[1] P.A.M. Dirac, Rev. Mod. Phys. **21**, 392 (1949).

[2] J.H.O.Sales, T. Frederico, B.V. Carlson and P.U. Sauer, Phys. Rev. **C61**, 044003 (2000).

[3] J.H.O.Sales, T. Frederico, B.V. Carlson and P.U. Sauer, Phys. Rev. **C63**, 064003 (2001). J.H.O.Sales, T. Frederico and B.M. Pimentel, Hadrons Rev., 277 (2002).

# Restauração da simetria quiral no modelo de Nambu-Jona-Lasinio a temperatura e densidade finitas

R. L. S. Farias

Instituto de Física Teórica - UNESP

Rua Pamplona, 145 - 01405-900 São Paulo, SP

**Resumo**

O presente trabalho foi apresentado como parte final do curso de Mecânica Estatística no IFT. O objetivo era ilustrar o uso da distribuição de Fermi-Dirac num problema de teoria quântica de campos a temperatura e densidade finitas. Neste trabalho empregamos o modelo de Nambu-Jona-Lasinio para introduzir o fenômeno da quebra dinâmica da simetria quiral e descrever a restauração desta simetria a temperatura e densidade finitas.

## 1. Quebra dinâmica da simetria quiral

O modelo de Nambu-Jona-Lasinio é o modelo protótipo para exemplificar a quebra dinâmica da simetria quiral na Cromodinâmica Quântica (QCD), a teoria fundamental das interações fortes. Este é um modelo fermiônico efetivo, e sua densidade de Lagrangiana, considerando apenas dois sabores de quarks, é dada por [1]

$$\mathcal{L}_{NJL} = \bar{\psi}(i\not{\partial})\psi + G[(\bar{\psi}\psi)^2 - (\bar{\psi}\gamma^5\vec{\tau}\psi)^2], \qquad (1)$$

onde $\psi = \psi(x)$ são operadores de campo para os quarks de sabor $u$ e $d$, e $\vec{\tau} = (\tau_1, \tau_2, \tau_3)$ são as matrizes de Pauli de sabor.

A Lagrangiana da Eq. (1) é invariante frente à transformação quiral, a qual é definida por

$$\psi \longrightarrow \psi' = e^{i\vec{\alpha}\cdot\vec{\tau}\gamma_5}\psi. \qquad (2)$$

Como notamos, a densidade de Lagrangiana aparentemente descreve um sistema de férmions sem massa, pois ela não contém um termo da forma $m\bar{\psi}\psi$. Se um termo destes estivesse presente na Lagrangiana, esta não seria invariante quiral. Isto é, a presença de um termo de massa quebra a invariância da Lagrangiana sob a transformação quiral, definida na Eq. (2) acima, pois

$$\bar{\psi}'\psi' = \bar{\psi}e^{i\vec{\alpha}\cdot\vec{\tau}\gamma_5}e^{i\vec{\alpha}\cdot\vec{\tau}\gamma_5}\psi \neq \bar{\psi}\psi. \qquad (3)$$

O problema que estamos interessados é saber se a solução de mais baixa energia da teoria, i.e. o vácuo, também é invariante quiral. Isto é, queremos saber se a simetria da Lagrangiana se manifesta explicitamente no estado fundamental.

As soluções de uma teoria de campos são as suas funções de Green; conhecidas todas as funções de Green de uma teoria, sabe-se tudo sobre esta teoria. Na aproximação de campo médio, a densidade de energia pode ser expressa inteiramente em termos do propagador de quarks $S(q)$, o qual é uma das funções de Green da teoria. A forma mais geral de um propagador de férmions,

$$iS(x-y) = \langle 0|T\left[\psi(x)\bar{\psi}(y)\right]|0\rangle, \qquad (4)$$

onde $0\rangle$ é o estado de vácuo, é da forma (no espaço de momentum)

$$S(q) = \frac{1}{A(q^2)\slashed{q} - B(q^2) + i\epsilon} = \frac{Z(q^2)}{\slashed{q} - M(q^2) + i\epsilon}, \qquad (5)$$

onde $A$, $B$, $Z = 1/A$ e $M = B/A$ são funções escalares de Lorentz. O termo $M(q^2)$ é um termo de massa. Se $M(q^2) \neq 0$, vê-se que a solução da teoria apresenta um termo de massa para os quarks, mesmo que a Lagrangiana que define a teoria não tenha um termo tal. Não é difíl mostrar que o propagador com um termo de massa não respeita a simetria quiral.

Para determinarmos a energia do estado fundamental, partimos da expressão do tensor densidade de energia-momento do modelo de NJL, o qual é dado por:

$$T^{\mu\nu}_{NJL} = i\bar{\psi}\gamma^\mu\partial^\nu\psi - g^{\mu\nu}\{\bar{\psi}(i\slashed{\partial})\psi + G[(\bar{\psi}\psi)^2 - (\bar{\psi}\vec{\tau}\gamma_5\psi)^2]\}. \qquad (6)$$

A densidade de energia do vácuo é dada pelo valor esperado no estado de vácuo da componente zero-zero de $T^{\mu\nu}$,

$$\varepsilon = \frac{1}{V}\int d^3x \langle T^{00}\rangle. \qquad (7)$$

Na aproximação de Hartree, ou aproximação de campo médio, obtemos para a densidade de energia a seguinte expressão

$$\begin{aligned}\varepsilon = & -i\int\frac{d^4q}{(2\pi)^4}\,q^0\,\mathrm{Tr}[\gamma^0 S(q)] + i\int\frac{d^4q}{(2\pi)^4}\,\mathrm{Tr}[\slashed{q}S(q)] \\ & - G\left\{-\left[\int\frac{d^4q}{(2\pi)^4}\,\mathrm{Tr}[S(q)]\right]^2 + \left[\int\frac{d^4q}{(2\pi)^4}\,\mathrm{Tr}[\gamma_5 S(q)]\right]^2\right\}.\end{aligned} \qquad (8)$$

Como anunciado acima, a densidade de energia é escrita inteiramente em termos do propagador $S(q)$.

Nosso próximo passo é supor um propagador com um termo de massa, determinamos variacionalmente o valor deste termo de massa e verificamos se o valor encontrado minimiza a energia do vácuo. Para simplificar a discussão, supomos que o propagador tenha uma forma como de um férmion livre ($Z(q) = 1$, $M(q) = M$)

$$S(q) = \frac{1}{\slashed{q} - M + i\epsilon}, \tag{9}$$

onde $M$ é o parâmetro variacional. Claramente, se o valor de $M$ que minimiza a energia do vácuo for diferente de zero, a simetria originalmente presente na Lagrangiana não se manifesta explicitamente no estado fundamental; uma das funções de Green da teoria, o propagador de quarks, não respeita esta simetria. Neste caso, diz-se que a simetria foi quebrada espontaneamente (no presente caso, por razões que não vêm ao caso aqui, esta quebra é denominada de dinâmica). A interpretação física é que o quark adquire massa porque a interação entre os quarks é tão forte de tal maneira a criar uma "nuvem" de pares quark-antiquark ao redor de cada quark que os torna pesados, tornando-se uma quasi-partícula. Em resumo, um termo de massa para os quarks foi gerado pela auto-interação dos quarks. Obviamente, a simetria não "sumiu", ela simplesmente está "escondida", como veremos a seguir.

Substituindo o ansatz para propagador dado na Eq. (9), tomando os traços, e integrando em $q_0$, obtemos

$$\varepsilon = -12 \int_0^\Lambda \frac{d^3q}{(2\pi)^3} \frac{q^2}{\sqrt{q^2 + M^2}} - G\left[12 \int_0^\Lambda \frac{d^3q}{(2\pi)^3} \frac{M}{\sqrt{q^2 + M^2}}\right]^2. \tag{10}$$

As integrais são calculadas de 0 a um cutoff $\Lambda$ porque as integrais são divergentes. Como esta teoria não é renormalizável, o cutoff passa a ser um parâmetro da teoria, $\varepsilon(M) \to \varepsilon(M, \Lambda)$.

Para determinar $M$, impomos que

$$\frac{d\varepsilon}{dM} = 0. \tag{11}$$

Esta condição nos leva a uma equação de "gap",

$$M = 24G \int_0^\Lambda \frac{d^3q}{(2\pi)^3} \frac{M}{\sqrt{q^2 + M^2}}. \tag{12}$$

Notamos que a equação de gap possui uma solução trivial, $M = 0$. Potencialmente, há uma outra solução, com $M \neq 0$,

$$1 = 24G \int_0^\Lambda \frac{d^3q}{(2\pi)^3} \frac{1}{\sqrt{q^2 + M^2}}. \tag{13}$$

Para um dado valor de $\Lambda$, esta equação somente possui uma solução não trivial $M \neq 0$ para um valor crítico da constante de acoplamento $G > G_c$ [1]. Para sabermos qual solução que minimiza a energia do vácuo, a com $M = 0$ ou com $M \neq 0$, precisamos checar se

$$\Delta\varepsilon \equiv \frac{1}{V} \int d^3x \; [\langle 0|T^{00}|0\rangle_{M\neq 0} - \langle 0|T^{00}|0\rangle_{M=0}] < 0. \tag{14}$$

Na verdade, não é difícil mostrar que, para $M/\Lambda \ll 1$ [2]

$$\Delta\varepsilon = -\frac{\Lambda^4}{8\pi^2} \frac{M^2}{\Lambda^2} \left[1 - \frac{\pi^2}{6G\Lambda^2}\right]. \tag{15}$$

Isto é, uma solução do modelo NJL que quebra dinamicamente a simetria quiral minimiza a energia do vácuo, pelo menos na aproximação de campo médio.

Como dito acima, a simetria na realidade não "sumiu": ela não está explícita no vácuo, no entanto, é possível mostrar que existem no espectro da teoria partículas de massa nula, com números quânticos iguais aos do gerador da simetria quebrada dinamicamente - neste caso os números quânticos correspondem aos do operador $\vec{\tau}\gamma_5$, i.e. os números quânticos do píon. Este resultado, da existência de excitações de massa zero com números quânticos iguais aos do gerador da simetria quebrada dinamicamente, é o célebre teorema de Goldstone [3].

## 2. Efeitos de temperatura e densidade

Para um sistema a temperatura e densidade finitas, a quantidade relevante não é mais o valor esperado de $T^{00}$ no vácuo, mas sim o valor esperado termodinâmico de $T^{00}$. A expressão para a densidade de energia tem a mesma forma que para o vácuo, Eq. (8), no entanto, é diferente. Fazendo novamente um ansatz de que os quarks num sistema a temperatura $T$ e com potencial químico $\mu$ (ensemble gran-canônico) se comportam como quarks massivos com uma massa constante $M^*$, obtemos $S(q)$ como

$$S(q) = \frac{1}{\not{q} - M^* + i\epsilon} + 2\pi i (\not{q} + M^*)\delta(q_0^2 - E^2(q)) \left[\theta(q_0)\eta^+(q) + \theta(-q_0)\eta^-(q)\right], \tag{16}$$

onde $E(q) = (\vec{q}^2 + M^{*2})^{1/2}$ e $\not{q} = (\gamma_0 + \mu)q^0 - \vec{\gamma}\cdot\vec{q}$ e

$$\eta^{\pm}(q) = \frac{1}{1 + \exp\beta\,(E(q) \pm \mu)} \tag{17}$$

são as distribuições de Fermi-Dirac para quarks $(-)$ e antiquarks $(+)$ com $\beta = 1/k_B T$ ($k_B$ é a constante de Boltzmann). A densidade de quarks no sistema é dada por

$$\rho(T,\mu) = 12 \int \frac{d^3 q}{(2\pi)^3} \left[ \frac{1}{1+\exp\beta(E(q)-\mu)} - \frac{1}{1+\exp\beta(E(q)+\mu)} \right]. \quad (18)$$

Agora, a derivação da equação de gap é um pouco mais complicada se for seguido o procedimento de derivar a densidade de energia com relação a $M^*$ (devido ao bem conhecido problema da inconsistência termodinâmica, que não discutiremos aqui). No entanto, a equação de gap não é muito diferente da anterior para o vácuo. Especificamente, ela é dada por [2]

$$M^* = \frac{6G}{\pi^2} M^* \int_0^\Lambda dq \frac{q^2}{E_q} \left( \tanh\frac{1}{2}\beta\omega_q^- + \tanh\frac{1}{2}\beta\omega_q^+ \right), \quad (19)$$

onde $\omega_q^\pm = E(q) \pm \mu$. Para $T = 0$, a distribuição de Fermi-Dirac para antiquarks é igual a zero e para quarks é dada por

$$\lim_{T \to 0} \frac{1}{\exp(\beta(E_q - \mu)) + 1} = \theta\left(\mu - \sqrt{\vec{q}^2 + m^2}\right). \quad (20)$$

Ou seja, a $T = 0$, obtemos o familiar mar de Fermi, em que o momentum de Fermi $q_F$ é facilmente identificado a partir da Eq. (20) como sendo

$$q_F = (\mu^2 - M^*)^{1/2}. \quad (21)$$

A equação de gap da Eq. (19) novamente apresenta uma solução trivial $M^* = 0$ e uma não-trival com $M^* \neq 0$ para um $G > G_c$. O fato importante é que a solução não-trivial deixa de existir para valores de temperatura e potencial químico grandes. Isto é, para $T > T_c$ e $\mu > \mu_c$, só existem soluções com $M^* = 0$, ou seja, para altas temperaturas e densidades, a simetria quiral é restaurada.

Agradecimentos: Este trabalho foi parcialmente financiado pela FAPESP e CNPq.

## Referências

[1] Nambu, Y. e G. Jona-Lasinio, Phys. Rev. **122**, 345 (1961).

[2] S.P. Klevanski, Rev. Mod. Phys. **64**, 649 (1992).

[3] J. Goldstone, Nuovo Cimento **19**, 154 (1961).

# Montagem e Calibração de uma Célula para Medidas de Transporte sob Pressão

Solange de Andrade
Instituto de Física, Universidade de São Paulo

**Resumo**

Uma célula de pressão foi montada e calibrada para ser utilizada na realização de medidas de resistividade elétrica $\rho(P,T)$ como função da temperatura $T$ e da pressão $P$ para diversos materiais. Os valores de $T$ e $P$ foram obtidos através de um termopar (tipo T) e de um resistor de manganina, respectivamente. Medidas de resistividade elétrica $\rho(P,T)$ foram realizadas para a amostra cerâmica do tipo $NdNiO_3$, a qual apresenta $T_{MI} \sim 200K$ à pressão atmosférica. No entanto a $T_{MI}$ é sensível à variação de pressão. Os resultados combinados destas medidas evidenciam a relação $\frac{dT_{MI}}{dP} \sim -4.4 K/kbar$, em excelente concordância com a literatura.

## 1 Célula de pressão

A célula de pressão (Figura 1) consiste basicamente de um corpo de $BeCu$, um porta amostra, duas roscas de vedação, um pistão e alguns acessórios. A referida célula opera em uma larga faixa de temperatura $4.2 \leq T \leq 400K$ e sob pressões de até $\sim 10 kbar$.

## 2 Sensor de temperatura

A temperatura foi obtida através de um termopar de Cobre-Constantan (tipo T), cuja junção encontra-se à temperatura ambiente.

A calibração do termopar foi realizada na faixa de temperatura $77.15 \leq T \leq 300K$ utilizando um termômetro de platina do tipo PT-100. O resultado desta calibração é o polinômio de grau 7 mostrado na Figura 2, a partir do qual obtém-se os valores de temperatura $T$ em K como função da tensão elétrica do termopar $V_{termopar}$.

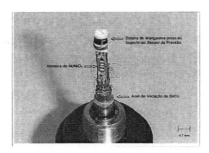

Figura 1: Porta amostra da Célula da Pressão contendo uma amostra cerâmica de $NiNdO_3$ e o Sensor de Pressão (resistor de manganina).

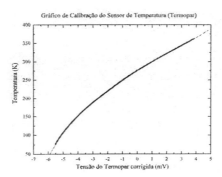

Figura 2: Gráfico da temperatura $T$ como função da tensão $V_{termopar}$.

## 3 Sensor de pressão

A pressão $P$ é obtida utilizando-se como líquido pressurizante uma mistura de álcool isoamílico e n-pentano na proporção de 1:1. O valor da pressão $P$ na célula é obtido por meio de um sensor de Pressão, o qual consiste de um resistor de fio de manganina. O fio de manganina é uma liga de cromo-níquel.

A Figura 3 ilustra a dependência do resistor de manganina como função da temperatura $T$. Através do polinômio de grau 6 mostrado na Figura 3, obtém-se a relação entre a resistência elétrica da manganina $R_{manganina}$ e a temperatura $T$.

Segundo *Thompson* [1984], o valor da pressão $P$ a uma dada temperatura $T$ pode ser descrito por um polinômio simples do tipo :

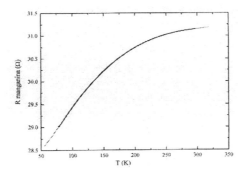

Figura 3: Gráfico de resistência elétrica da Manganina $R_{manganina}$ como função da temperatura $T$.

$$P_n(R,T) = \frac{R_n(T) - R_0(T)}{R_0(T) \times 2.5 \times 10^{-3}} \quad (1)$$

onde $R_0$ é o valor da resistência elétrica da manganina à $T$ ambiente e $P$ atmosférica, $R_n$ é o valor da resistência elétrica da manganina na n-ésima medida e $P_n$ é o valor da n-ésima pressão aplicada na célula.

A calibração do sensor de pressão revelou que a relação entre a pressão $P$ e a resistência elétrica da manganina $R_{manganina}$ pode ser descrita para $T > 100K$, por uma equação do tipo :

$$P(T) = P(100K) + \alpha \times T \quad (2)$$

onde $\alpha$ depende essencialmente da pressão aplicada à $T$ ambiente.

## 4 Relação entre a temperatura de transição metal-isolante $T_{MI}$ e a pressão $P$

Nas medidas realizadas entre 77.15 e $300K$, uma amostra de material cerâmico do tipo $NdNiO_3$ foi utilizada. Este material apresenta uma transição de fase do tipo metal isolante que ocorre a temperatura $T_{MI} \sim 200K$ à pressão atmosférica. Contudo, o valor de $T_{MI}$ é sensível à variação da pressão $P$.

A Figura 4 (painel esquerdo) ilustra o gráfico da resistência elétrica da amostra $R_{amostra}$ como função da temperatura $T$ de algumas medidas realizadas. O valor da temperatura de transição metal-isolante $T_{MI}$ de cada medida

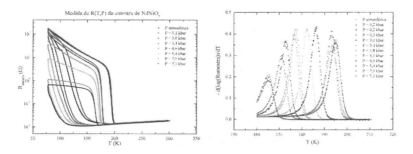

Figura 4: Gráficos da resistência elétrica da amostra $R_{amostra}$ (painel esquerdo) e do negativo da derivada de $log(R_{amostra})$ (painel direito) como função da temperatura $T$, para uma série de medidas realizadas.

realizada foi determinado a partir do ponto de inflexão da função, ou seja, $\frac{d(log[R_{amostra}(T)])}{dT} = 0$. A Figura 4 (painel direito), ilustra o gráfico do negativo da derivada de $log(R_{amostra}(T))$ da amostra de $NdNiO_3$.

Utilizando o valor de $T_{MI}$ obtido através das derivadas, calculou-se o valor de $R_{manganina}(T)$ à pressão atmosférica $P_0$ e à n-ésima pressão aplicada ao sistema $P_n$ e utilizando-se a expressão (1), calculou-se o valor da pressão $P$ aplicada ao sistema.

Foram realizados dois tipos de análises em relação ao cálculo da pressão $P$. No entanto, os resultados são praticamente coincidentes e ambos são coerentes com a literatura. O gráfico da Figura 5 ilustra esses resultados.

Os resultados de $\rho(P,T)$ obtidos para a amostra de $NdNiO_3$ obedecem à relação $\frac{dT_{MI}}{dP} \sim -4.4 K/kbar$, em excelente concordância com os resultados encontrados na literatura.

## 5 Conclusões

A partir da combinação dos resultados, verificou-se que o sensor de temperatura, termopar de Cobre-Constantan, bem como o sensor de pressão, resistor de Manganina, foram devidamente calibrados. Sendo assim, a referida célula de pressão poderá ser utilizada na realização de medidas de $\rho(P,T)$ de diversos materiais.

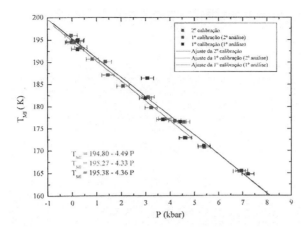

Figura 5: Gráfico da temperatura de transição $T_{MI}$ como função da pressão $P$, de uma série de medidas. O erro em $P$ é considerado $0.25 kbar$.

# 6 Referências Bibliográficas

J.D. Thompson, Rev. Sci. Instrum., 55, 231 (1984).

X. Obradors, L.M. Paulius, M.B. Maple, J.B. Torrance, A.I. Nazzal, J. Fontcuberta e X. Granados, Phys. Rev. B 47, 12353 (1993).

M.T. Escote, Tese de Doutorado, IFUSP, concluída em Fevereiro de 2002.

P.C. Canfield, J.D. Thompsom, S.W. Cheong e L.W. Rupp, Phys. Rev. B47, 12357 (1993).

# Estudo Teórico da Bifurcação da Corrente Sul-Equatorial

Cayo Prado Fernandes Francisco e Ilson Carlos Almeida da Silveira
Laboratório de Dinâmica Oceânica - LaDO - IOUSP

**Resumo**

Com o objetivo de se compreender o fenômeno da bifurcação da Corrente Sul-Equatorial (CSE) em diferentes níveis ao longo da costa brasileira e a formação de vórtices e meandros ao sul da bifurcação, propõe-se a utilização do modelo quase-geostrófico de $2\frac{1}{2}$ camadas desenvolvido por *Silveira & Flierl* [2002]. O presente trabalho apresenta a formulação do modelo e os resultados obtidos no cálculo de seus parâmetros de calibração.

# 1 Introdução

Historicamente, a bifurcação da Corrente Sul-Equatorial (CSE) era descrita como ocorrendo nas imediações do Cabo de São Roque em 5,5°S, originando a Corrente do Brasil (CB) e a Corrente Norte do Brasil (CNB). Nos últimos 10 anos, vários trabalhos vêm mostrando que esta bifurcação é um fenômeno bem mais complexo e bastante estratificado. A bifurcação da CSE em superfície ocorre em cerca de 15°S e as correntes formadas transportam apenas Água Tropical (AT). Em torno de 20°S, a bifurcação ocorre em nível picnoclínico, onde o escoamento transporta essencialmente Água Central do Atlântico Sul (ACAS). Observa-se meandramento vigoroso, como um trem de ondas de Rossby baroclínicas, propagando-se a sul-sudoeste. Um esquema desse processo altamente baroclínico é mostrado na Figura 1.

No intuito de investigar a relação entre a bifurcação da CSE, a formação de meandros e a importância da baroclinicidade no fenômeno, um modelo teórico é considerado. Neste estudo segue-se o trabalho de *Silveira & Flierl* [2002] para construção de um modelo para a bifurcação baroclínica num oceano quase-geostrófico, inercial, semi-infinito, com $2\frac{1}{2}$ camadas e calibrado dinamicamente. A estrutura de vorticidade potencial é idealizada e as duas camadas ativas representam os escoamentos associados à AT e ACAS, individualmente. O eixo da CSE está associado a uma frente de vorticidade em ambas as camadas.

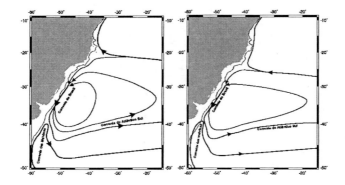

Figura 1: Esquemas da circulação em superfície (painel à esquerda) e nível picnoclínico (painel à direita). Adaptado de *Silveira et al.* [2001].

## 2 Formulação do Modelo

Escolheu-se um modelo quase-geostrófico com estrutura vertical aproximada por duas camadas ativas sobrejacentes a uma camada infinitamente profunda e inerte, referido na literatura como modelo de $2\frac{1}{2}$ camadas. Na Figura 2, as camadas ativas superior e inferior representam escoamentos associados a AT e ACAS. O modelo proposto é não viscoso e governado pela equação de vorticidade potencial $q$:

$$\frac{d}{dt}q = \left[\frac{\partial}{\partial t} + u\frac{\partial}{\partial x} + v\frac{\partial}{\partial y}\right]q = 0, \qquad (1)$$

Relacionando-se as componentes das velocidades da i-ésima camada com a função de corrente $\psi_i$ da i-ésima camada, obtém-se:

$$M_{ij}\psi_j = \left[\nabla^2 \delta_{ij} + Z_{ij}\right]\psi_j = q_i, \qquad (2)$$

onde $Z$ é a matriz de estrutura vertical, dada por:

$$Z = \begin{bmatrix} -\mu & \mu \\ \delta\mu & -(1+\epsilon)\delta\mu \end{bmatrix}. \qquad (3)$$

tal que $\delta$ é a razão entre as espessuras das camadas, $\mu$ o número de Froude da camada superior e $\epsilon$ a razão entre os saltos de densidade. O modelo apre-

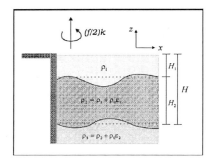

Figura 2: Estrutura vertical do modelo de $2\frac{1}{2}$ camadas para o oceano quase-geostrófico.

senta dois modos verticais relacionados aos autovalores e autovetores do operador $Z$ :

$$Z F = -F\, \Gamma^2, \qquad (4)$$

onde $F_{im}$ fornece a amplitude do m-ésimo modo dinâmico na i-ésima camada, e

$$\Gamma^2 = \begin{bmatrix} \gamma_1{}^2 & 0 \\ 0 & \gamma_2{}^2 \end{bmatrix} \qquad (5)$$

é a matriz de autovalores do operador $Z$, com os autovetores ortonormalizados trivialmente.

O autovalor $\gamma_m{}^2$ é definido como o inverso do quadrado do m-ésimo raio de deformação interno. Adimensionalizando-se os autovalores, obtém-se $\gamma_1{}^2 = 1$ e $\gamma_2{}^2 = R$.

## 3  Esquema de Calibração

Os parâmetros $\delta$ e $\epsilon$ são escolhidos a partir do conhecimento prévio da região a ser estudada. O parâmetro $\mu$, dado $R$, é calculado por:

$$det(Z + \Gamma^2) = 0. \qquad (6)$$

Se $R$ e $\delta$ são fornecidos, a solução para $\mu$ é :

$$\mu = \frac{(1+R) \pm \sqrt{(1-R)^2 - 4\delta R}}{2(1+\delta)}. \qquad (7)$$

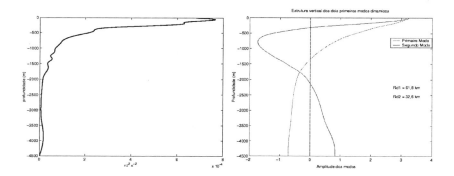

Figura 3: Frequência de Brunt-Vaisalla (painel à esquerda) e estrutura vertical dos dois primeiros modos baroclínicos (painel à direita).

A partir da manipulação da equação (7), obtem-se uma expressão para $\epsilon$ :

$$\epsilon = \frac{R}{\delta\mu^2} . \qquad (8)$$

Além disso, como o parâmetro $\mu$ é real, tem-se de (7) que $\delta \leq 1$.

Os valores para $R$ são estimados a partir de observações na região de interesse. O esquema de calibração apresentado fornece dois conjuntos de valores pa $\mu$ e $\epsilon$, para os quais deve-se escolher $\epsilon > 1$. Pequenos valores de $\mu$ estão associados aos maiores valores de $\epsilon$, implicando fraco acoplamento entre as camadas, enquanto a maior raiz de $\mu$ está associada usualmente a $\epsilon = O(1)$.

## 4 Cálculo dos Parâmetros de Estrutura Vertical

Foi calculado o raio de deformação a partir dos dados climatológicos de *Levitus & Boyer* [1994], obtendo-se $R = 3, 6$. As espessura das camadas ativas foram estimadas como $H_1 = 150m$ e $H_2 = 330m$. A Figura 3 apresenta o perfil médio da frequência de Brunt-Vaisalla $N^2(z)$ (painel esquerdo) na região e os resultados obtidos no cálculo dos dois primeiros raios e modos baroclínicos (painel direito). O esquema de calibração fornece dois valores para $\mu$ que satisfazem a condição $\epsilon > 1$ : **Experimento 1:** $\mu = 1.75$, $\epsilon = 2.59$; **Exprimento 2:** $\mu = 1.42$, $\epsilon = 3.95$.

Escolhe-se o primeiro conjunto de valores, por esse promover um acoplamento mais intenso entre as duas camadas ativas. A Figura 4 apresenta a curva

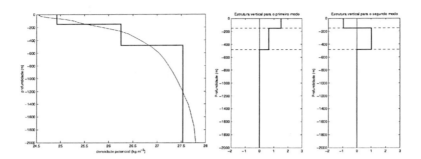

Figura 4: Perfil médio de densidade para região e perfil discretizado (painel à esquerda) e estrutura vertical discretizada dos dois primeiros modos baroclínicos (painel à direita).

curva de densidade média para a região (painel esquerdo) e sua aproximação discreta para $2\frac{1}{2}$ camadas, além dos dois primeiros modos dinâmicos discretizados (painel direito).

## 5 Próximas Etapas

Como próximos passos os autores pretendem mapear, através da análise dinâmica de dados, o campo de vorticidade potencial, aproximando sua estrutura por funções degrau e estudar o papel da topografia da região e de uma terceira camada ativa no fenômeno de bifurcação da CSE através da utilização da técnica de Dinâmica de Contornos (DC).

## 6 Referências Bibliográficas

Flierl, G. R., 1978; Models of Vertical Structure and the Calibration of Two Layer Models, Dyn. Atmos. Oceans; 2, 341-381.

Levitus, S. & Boyer, T. P., 1994; World Ocean Atlas 1994, Tech. Rep., Vol. 4, Nat. Ocean. Data Center, Ocean Climate Lab., 117pp.

Silveira, I.C.A.; Schmidt, A.C.K., Godoi, S.S. & Yoshimine, I., 2000; A Corrente do Brasil ao Largo da Costa Sudeste Brasileira, Rev. Bras. de Ocean. , 48(2), 28pp.

Silveira, I.C.A & Flierl, G.R., 2002; Eddy Formation in $2\frac{1}{2}$ Layer Quasigeostrophic Jets, J. Phys. Ocean., 32, 729-745.

# Transporte em Fluidos Caóticos

Eduardo G. Altmann[1]  e Iberê L. Caldas[2]

*Inst. Física USP, C.P. 66318, CEP 05315-970 São Paulo, SP, Brasil*

**Resumo**

São estudados aqui os regimes de transporte em um sistema hamiltoneano bi-dimensional (mapa padrão com fase aleatória). Esse estudo é motivado especialmente pelo problema do confinamento magnético em Tokamaks. Para caracterizar o transporte ($\langle \Delta y^2 \rangle \propto t^\alpha$) entre o regime difusivo ($\alpha = 1$) e o de *cinética estranha* [4] ($1 \leq \alpha \leq 2$), propomos a utilização do tempo de recorrência de uma série temporal como instrumento experimentalmente viável de análise. Quando aplicado ao nosso sistema numérico pudemos determinar os regimes de transporte em função dos parâmetros de controle não linear (K) e aleatório (R).

## 1 Introdução

O estudo da difusão em fluidos a partir de sistemas dinâmicos conservativos tem se mostrado bastante profícuo e importante [1]. De particular interesse é a análise do transporte de plasma no interior de máquinas toroidais de confinamento (Tokamak), onde, através do aumento da pressão e temperatura procura-se conseguir a fusão de núcleos leves. Uma das grandes dificuldades de se atingir esse regime é o surgimento de instabilidades e do transporte de partículas energéticas na direção das paredes do Tokamak, fazendo com que o plasma como um todo perca energia. As linhas de campo magnético e as trajetórias das partículas dentro do toroide são descritas por sistemas dinâmicos hamiltoneanos. Esses sistemas são, em geral, não lineares, apresentando um espaço de fases onde coexistem regiões caóticas e regulares. O objetivo deste trabalho é estudar como se dá o transporte nesses sistemas, propondo ferramentas para a sua caracterização.

Baseado em [2] utilizaremos o mapa padrão com fase aleatória para descrever as linhas de $\vec{B}$ que perfuram uma seção transversal do toróide

$$\begin{aligned} y_{n+1} &= y_n - K sin(2\pi x_n + R\delta_n) \\ x_{n+1} &= x_n + y_{n+1} \quad mod(1), \end{aligned} \quad (1)$$

---
[1] altmann@if.usp.br
[2] Pesquisa financiada pela FAPESP, Proc. No. 00/05047-5.

onde K é o parâmetro de controle não linear, $R \in [0,1]$ o parâmetro de controle aleatório e $\delta_n$ um número aleatório no intervalo $[0,2\pi]$. A fase aleatória pode ser entendida com uma perturbação impulsiva no ângulo do sistema que representa uma característica que será avaliada posteriormente. A exemplo do parâmetro K, quando aumentamos R vemos uma perturbação das superfícies integráveis do espaço de fases. Apesar da simplicidade do mapa (1) podemos esperar que ele contenha as principais características de uma classe bastante geral de sistemas hamiltoneanos não lineares.

| Regime Difusivo | Cinética Estranha |
|---|---|
| Ausência de estruturas | Estruturas auto-similares (cadeias de ilhas de bifurcação) |
| Transporte Normal $\langle \Delta y^2 \rangle \propto t$ | Transporte pode ser anômalo $\langle \Delta y^2 \rangle \propto t^\alpha$ com $1 \leq \alpha \leq 2$ |
| Passeio Aleatório | Apris. de traj., voos de Lévy, pas. aleat. |
| t de recor. tipo Poisson | t de recor. cauda de lei de potência |

Tabela 1: Resumo das diferenças entre os dois regimes de transporte em sistemas hamiltoneanos.

## 2 Transporte

O transporte pode ser classificado, do ponto de vista dos sistemas dinâmicos hamiltoneanos, em dois regimes distintos: difusivo e anômalo. O primeiro deles é o característico do movimento *browniano* das partículas e do passeio aleatório. Nesse caso a dispersão evolui linearmente com o tempo

$$\langle \Delta y^2 \rangle = 2 D_y t, \qquad (2)$$

onde $D_y$ é o coeficiente de difusão. Esta dispersão "normal" é observada em sistemas de caos completo, sem a presença de estruturas no espaço de fases, ou em sistemas aleatórios.

O segundo regime é típico de sistemas com estruturas no espaço de fases e foi denominado como *Strange Kinetics*, ou *cinética estranha*, em [4]. Nesse caso o movimento no espaço de fases é modificado devido à presença de estruturas típicas do regime de caos incompleto (cadeias de ilhas de bifurcação, modos aceleradores, cantori, etc.) e a eq. (2) tem de ser escrita como

$$\langle \Delta y^2 \rangle \propto t^\alpha, \qquad (3)$$

com $\alpha \in \mathbb{N}$. Quando $\alpha \neq 1$ dizemos que o transporte é anômalo. Em geral, na presença de estruturas aceleradoras, obtemos um coeficiente entre o caso normal ($\alpha = 1$) e o balístico ($\alpha = 2$). A tabela 1 sintetiza as principais características dos dois regimes [4].

## 3 Aplicação do tempo de Recorrência

Propomos a utilização da distribuição de tempo de recorrência (TR) (fig. 1), para identificar o regime de transporte. As vantagens desse método são a rapidez numérica e a possibilidade de aplicar à séries temporais experimentais. Se estruturas aceleradoras estiverem ativas e aprisionarem a trajetória, teremos um transporte superdifusivo ($\alpha > 1$), e também uma alteração da distribuição de TR.

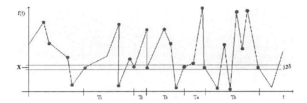

Figura 1: Definição do TR em uma série temporal genérica. Observamos os pontos que se encontram dentro de uma faixa de largura $2\delta$ na posição X. O tempo entre esses eventos ($T_i$) é chamado de TR.

Experimentalmente, obtêm-se séries temporais da tensão no Tokamak introduzindo uma sonda na borda do plasma confinado [5]. Afim de aproximar nosso sistema descrito pela eq. (1) da situação no plasma, introduzimos um contaminante escalar passivo (simulando a densidade de partículas [2]) em todo nosso espaço de fases. A concentração inicial escolhida, representada no primeiro quadro da figura 2, foi da forma $\Phi_{n=0} = sin(2\pi x)$.

Iteramos então o nosso sistema conforme a eq. (1) e observamos a mistura do contaminante (Fig. 2). A série temporal de contaminante é obtida em um ponto fixo na região caótica (x=0,45,y=0,1) para cada iteração.

Inicialmente procuramos caracterizar o regime difusivo, onde as estruturas no espaço de fases já haviam sido destruídas. O resultado típico para $K \gg 1$ confirmou a existência de um decaimento exponencial da distribuição de TR.

$$\rho(T_n) = Ae^{-\mu T_n} \qquad (4)$$

Analisando a dependência do coeficiente $\mu$ de (4) com a largura $\delta$ da faixa de retorno da fig. 1, constatamos que a distribuição de tempos de retorno é do tipo Poisson

$$\rho(T_n) = \frac{1}{<T_n>}e^{-\frac{T_n}{<T_n>}} \qquad (5)$$

Essa distribuição é obtida para sistemas aleatórios e para sistemas dinâmicos com caos completo. A utilização de uma estatística baixa (a exemplo do que pode ocorrer em sistemas experimentais) não permite observar desvios da distribuição 5. Esses são resultados de correlações entre eventos para tempos longos, provocadas, em nosso caso, pelas estruturas no espaço de fases. A distribuição esperada nesse caso é uma lei de potência [3]

$$\rho(T_n) \propto T_n^{-\gamma} \tag{6}$$

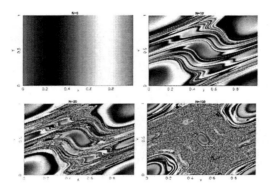

Figura 2: Mistura de um contaminante passivo sob a ação do mapa padrão (K=0,2 e R=0,01) para sucessivas iterações.

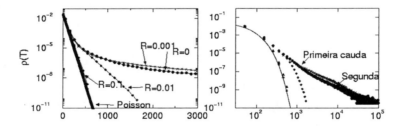

Figura 3: Distribuição de TR para [K=0,2, $Np = 10^{11}, \delta = 0,05, X = 0$]. Duas caudas são observadas devido à multiscala do sistema. A dependência da distribuição com o aumento da aleatoriedade (R) no sistema mostra o a aproximação do caso Poisson para $R \to 1$.

O regime de (*cinética estranha*) foi observado para os parâmetros (K=0,2, R=0). Na primeira curva da figura 3 com a existência de pelo menos dois regimes de lei de potência (eq. 6), após um decaimento exponencial (eq. 5). As duas caudas resultam da multiscala do sistema, reflexo das ilhas no espaço de fases com diferentes tempos de aprisionamento. Na medida que aumentamos a aleatoriedade do sistema ($R > 0$) a distribuição de tempos de retorno (fig.

3) aproxima-se daquela descrita por (5), sendo afetada primeiro a cauda para tempos longos.

## 4 Conclusões

Uma vez que a distribuição do tipo Poisson do TR (eq. 5 e regime difusivo) foi obtida tanto para valores de $R = 1$ (aleatório) e $R = 0$ com $K >> 1$ constatamos que este resultado não é suficiente para distinguir se a dinâmica é aleatória ou determinística (essa foi a distribuição obtida para séries experimentais em [5]). Essa distinção torna-se ainda mais difícil quando a série temporal que analisamos é limitada, sendo esse um parâmetro decisivo para o sucesso da aplicação do método.

O transporte anômalo ($\alpha \neq 1$ na eq. (3)), não pode ser caracterizado exclusivamente pelo surgimento de caudas de lei de potência na distribuição de TR (eq. 6). Ele ocorre no regime de *cinética estranha*, quando estão presentes estruturas que além de aprisionar trajetórias as aceleram, acarretando em um transporte superdifusivo ($\alpha > 1$ na eq.(3)). No caso do mapa padrão essas estruturas estão presentes para valores restritos do parâmetro K [1].

O transporte e aprisionamento estão relacionados com as estruturas o que possibilita a obtenção de uma relação quantitativa entre o coeficiente $\gamma$ da distribuição de TR e o expoente $\alpha$ do transporte anômalo (no caso do mapa padrão veja [6]). Está em aberto avaliar se no Tokamak o transporte anômalo também é provocado por estruturas que aprisionam e aceleram as partículas.

Este trabalho foi parcialmente financiado pela **FAPESP e CNPq**.

## Referências

[1] A. L. Lichtenberg e M. A. Lieberman. Springer-Verlag, New York (1983).

[2] F. Városi et al., Phys. Fluids A3, 1017 (1991).

[3] C. F. F. Karney, Physica D 8 360 (1983).

[4] M. F. Shlesinger, *et al. Strange Kinetics*, Nature 363 p.31 (1993); G. M. Zaslavsky, *et al.* Chaos 7 (1) p. 159 (1997).

[5] M.S. Baptista, *et al.* Physica A 301 p. 150-162 (2001).

[6] S. Benkadda, *et a*

*l.* Phys. Rev. E 55, 4909 (1997). Veja os artigos de G. Zumofen and J. Klafter em Phys. Rev. E 59, 3756 (1999) e Europhys. Lett. (25) (8), pp. 565-570 (1994).

# Persistência da Natureza Espectral em Matrizes Diagonais Infinitas

Gustavo B. de Oliveira[1] &  Domingos H. U. Marchetti[2]

Instituto de Física, Universidade de São Paulo

XXV Congresso Paulo Leal Ferreira de Física Teórica

IFT, UNESP. Outubro de 2002

**Resumo**

Começaremos descrevendo brevemente o problema quântico de um elétron em uma rede, submetido a um potencial *quasi*-periódico. Em seguida, vamos esboçar as idéias gerais para demonstrar o seguinte resultado: seja $D$ uma matriz diagonal infinita com espectro puramente pontual e denso em $\mathbb{R}$. Considere a matriz $H = D + P$, onde $P$ é uma perturbação que satisfaz certas hipóteses. Utilizando uma técnica do tipo KAM, demonstra-se que, para $P$ suficientemente pequeno (em uma norma apropriada), o espectro de $H$ permanece puramente pontual e denso em $\mathbb{R}$. Em outras palavras, a natureza espectral de $D$ é preservada sob a perturbação $P$. O presente trabalho é parte de um projeto que visa aplicar as idéias de Grupo de Renormalização a problemas cuja série perturbativa apresenta pequenos denominadores.

## 1 Introdução

O estudo da persistência da natureza espectral em matrizes diagonais infinitas encontra motivação em dois problemas físicos: (i) localização de Anderson com potencial quasi-periódico; (ii) estabilidade quântica. A seguir, apresentamos uma breve descrição do primeiro problema.

## 2 Localização de Anderson

Considere um elétron na rede $\mathbb{Z}^2$ sujeito a um potencial $V$. O espaço de Hilbert $\mathcal{H} = l^2(\mathbb{Z}^2)$ é o espaço das sequências $\psi = (\psi_i)_{i \in \mathbb{Z}^2}$ de quadrado somável. O Hamiltoniano

$$H = -\varepsilon \Delta + V \tag{1}$$

---
[1]e-mail: goliveir@if.usp.br
[2]e-mail: marchett@if.usp.br

atua nos vetores do espaço de Hilbert $\mathcal{H}$ da seguinte forma:

$$(H\psi)_i = -\varepsilon(\psi_{i-1} + \psi_{i+1}) + v_i\psi_i\,.$$

Em um trabalho clássico [1] de 1958, P. W. Anderson estudou esse problema na situação em que o potencial $V$ é *aleatório*, ou seja, $\{v_i\}$ é uma família de variáveis aleatórias independentes identicamente distribuidas (v.a.i.i.d.). Segundo Anderson, esse é o modelo mais simples que possa conter as principais propriedades física da dinâmica de um elétron em um cristal com impurezas.

Um dos principais interesses nesse modelo consiste no estudo das propriedades de transporte de elétrons em um cristal. Quando há localização dos elétrons ? Quando há condução ? Qual a dependência desses regimes em função do parâmetro $\varepsilon$ (intensidade da desordem). Apesar de algumas questões ainda permanecerem em aberto, Anderson concluiu que uma desordem grande ($\varepsilon$ pequeno) implica em localização. Esse resultado é surpreendente e gerou muita discussão na época pois é contraintuitivo. Posteriormente, os resultados de Anderson foram estabelecidos de forma matematicamente rigorosa por outros pesquisadores (Fröhlich e Spencer (1983); Dreifus e Klein (1989)).

Uma outra situação de interesse, na qual se situa este trabalho, é o caso em que o potencial $V$ não é mais aleatório e sim *quasi-periódico*. Esse tipo de potencial procura descrever a física dos *quase-cristais*. Vamos tratar um dos casos mais simples de potencial *quasi*-periódico em $\mathbb{Z}^2$: $v_i = i\cdot\omega := i_1\omega_1 + i_2\omega_2$. Um fato de grande importância é que o conjunto $\{v_i, i \in \mathbb{Z}^2\}$ é *denso* em $\mathbb{R}$.

Podemos interpretar o Hamiltoniano (1) como sendo uma matriz atuando em vetores (sequências) de $l^2(\mathbb{Z}^2)$ onde

$$\Delta = [\Delta_{ij}] \quad \text{e} \quad V = [V_{ij}] = \text{diag}\,\{v_i, i \in \mathbb{Z}^2\}\,.$$

Esse problema nos motiva a estudar Hamiltonianos da forma

$$H = D + \varepsilon P\,, \tag{2}$$

onde $D$ é uma matriz *diagonal* e $P$ uma *perturbação* tal que

$$P = [P_{ij}], \quad P_{ij} = f(i-j), \quad |f(x)| < Ce^{-r|x|}\,.$$

Note que (1) é um caso particular de (2) quando

$$P = -\Delta \quad \text{e} \quad D = V\,.$$

O espectro de $D$ é o fecho do conjunto de seus autovalores:

$$\sigma(D) = \overline{\{i\cdot\omega\,:\,i \in \mathbb{Z}^2\}}\,.$$

Esse espectro é *discreto e denso* em $\mathbb{R}$.

A questão é investigar se a natureza espectral de $D$ é preservada por pequenas perturbações $\varepsilon P$. O espectro de $H = D + \varepsilon P$ permanece discreto e denso ? Para quais valores de $\varepsilon$ isso é verdade ? Adiantamos que a resposta para essas pergunta é: sim, para $\varepsilon$ suficientemente pequeno.

As propriedades espectrais do Hamiltoniano se relacionam com as propriedades físicas da seguinte forma: (i) espectro discreto $\Leftrightarrow$ localização; (ii) espectro absolutamente contínuo $\Leftrightarrow$ condução.

A seguir, vamos apresentar um esboço dos métodos utilizados para demonstrar esse resultado.

## 3 Natureza Espectral de $H = D + \varepsilon P$

Como abordar o problema de autovalores ?

$$H\psi_n = (D + \varepsilon P)\psi_n = \lambda_n \psi_n.$$

1ª tentativa: teoria de perturbação usual.

$$\lambda_n(\varepsilon) = d_n + \varepsilon P_{nm} + \varepsilon^2 \sum_{m \neq n} \frac{P_{nm} P_{mn}}{d_n - d_m} + O(\varepsilon^3).$$

Não funciona ! Esse série *diverge* para qualquer $\varepsilon > 0$ devido ao problema de *pequenos denominadores*.

Alternativa: método do tipo KAM. "Popularizado" nesse tipo de problemas por J. Bellissard *et al.* em 1983. Como exemplo veja [2].

## 4 KAM em Mecânica Clássica

Método superconvergente. Considere o Hamiltoniano quase-integrável

$$H = H_0^{(0)} + \varepsilon H_1.$$

Idéia: aplicação sucessiva de transformações canônicas que diminuem a ordem da parte não integrável da Hamiltoniana.

$$\varepsilon H_1 \to \varepsilon^2 H_2 \to \varepsilon^4 H_3 \to \cdots \to \varepsilon^{2^{n-1}} H_n.$$

No limite $n \to \infty$
$$H \to H_0^{(\infty)} \quad \text{Integrável !}$$
Esse procedimento lida corretamente com o problema de pequenos denominadores que também ocorre em mecânica clássica.

## 5 KAM no Problema das Matrizes

Diagonalização Parcial. Idéia: construir uma matriz $V$ invertível tal que
$$V^{-1}(D+P)V = \mathcal{D}.$$
Para tanto, constrói-se uma sequência de matrizes $W_n$ que implementam uma diagonalização parcial.
$$W_0^{-1}(D + \varepsilon P)W_0 = D_1 + \varepsilon^2 P_1,$$
$$W_n^{-1}(D_n + \varepsilon^{2^n} P_n)W_n = D_{n+1} + \varepsilon^{2^{n+1}} P_{n+1}.$$

Fazemos uso da mesma idéia de KAM em mecânica clássica. Aplicamos sucessivas transformações tais que
$$\varepsilon P \to \varepsilon^2 P_1 \to \varepsilon^4 P_2 \cdots \to \varepsilon^{2^n} P_n.$$

No limite $n \to \infty$
$$H \to D_\infty = \mathcal{D} \quad \text{diagonal !}$$
$$\varepsilon^{2^n} P_n \to 0.$$
$$V = \lim_{n \to \infty} \prod_{k=1}^{n} W_k.$$

Considere a equação
$$V_n^{-1}(D+P)V_n = D_n + P_n.$$
Seja $W_n$ solução da equação
$$[D_n + \text{diag } P_n, W_n] + P_n - \text{diag } P_n = 0, \tag{3}$$
definindo
$$\begin{aligned} V_{n+1} &:= V_n W_n \\ D_{n+1} &:= D_n + \text{diag } P_n \\ P_{n+1} &:= W_n^{-1}(P_n - \text{diag } P_n)(W_n - 1) \end{aligned}$$

segue que
$$V_{n+1}^{-1}(D+P)V_{n+1} = W_n^{-1}(D_n+P_n)W_n = D_{n+1}+P_{n+1}.$$

Implementando esse procedimento de forma recursiva, em cada etapa $n$ obtém-se uma equação para $W_n \equiv W$, onde $D \equiv D_{n+1}$ e $P \equiv P_n - \text{diag } P_n$.
$$[D,W] + P = 0.$$

Se $i = j$,
$$W_{ii} = \text{constante}.$$

Se $i \neq j$,
$$W_{ij} = -\frac{P_{ij}}{d_i - d_j}.$$

Fatos fundamentais:
$$|P_{ij}| < C\,e^{-r|i-j|},$$
$$\frac{1}{|d_i - d_j|} = \frac{1}{|(i-j)\cdot\omega|} \leq \frac{|i-j|^\sigma}{\gamma} \quad \text{Condição Diophantina}.$$

Note que decrescimento *exponencial* de $P_{ij}$ vence o crescimento *polinomial* dos pequenos denominadores. Em essência, isso é o que garante o nosso resultado.

## 6 Observações Finais

Algumas questões permanecem em aberto: (i) observar a transição de espectro puro ponto para espectro contínuo em função do parâmetro $\varepsilon$; (ii) conjectura sobre a existência de um valor crítico $\varepsilon_c$ que separa esses dois regimes.

Nossa proposta é também de introduzir uma nova ferramenta; uma combinação de KAM com Grupo de Renormalização para tratar o problema de cruzamentos e pequenos denominadores e obter novos resultados ou melhorar os já existentes.

Agradecemos à FAPESP pelo apoio financeiro.

# Referências

[1] P. W. Anderson, Phys. Rev. **109**, 1942 (1958).

[2] M. Combescure, Ann. I. H. Poincaré **47**, 63-83, Errata 451-454 (1987).